Bibliothèque de la *Controverse*

L'HOMME-SIN

ET

NOS SAVANTS

PAR

A. HATÉ, S. J.

Ouvrage orné de plusieurs gravures.

EN VENTE

AUX BUREAUX DE LA *CONTROVERSE*

LYON	PARIS
VITTE ET PERRUSSEL	NOUVELLE LIBRAIRIE
3, place Bellecour, 3	14, rue de la Sorbonne, 14

1881

LA CONTROVERSE

Revue des Objections et des Réponses

EN MATIÈRE DE RELIGION

paraissant le 1'' et le 16 de chaque mois par livraison de 64 pages

Un an : **15** francs

- - - - - ∞ - - -

LES NOUVELLES BASES DE LA MORALE

d'après M. Herbert Spencer

par Elie BLANC, professeur de philosophie scolastique
aux Facultés catholiques de Lyon

Prix : **1** fr. **50**

LE CLERGÉ ET LE SERVICE MILITAIRE

Par Fr. DESJACQUES

Prix : **1** fr. **25**

Ajouter 20 centimes pour recevoir ces ouvrages *franco*
par la poste.

Adresser les demandes à MM. VITTE ET PERRUSSEL,
Lyon, 3, place Bellecour, ou à M. le DIRECTEUR DE LA
NOUVELLE LIBRAIRIE, Paris, 14, rue de la Sorbonne.

Impr. A. WALTENER et Cᵉ. — Lyon.

L'HOMME-SINGE & NOS SAVANTS

MAGDELIN

L'HOMME-SINGE

ET

NOS SAVANTS

PAR

A. HATÉ, S. J.

—

Ouvrage orné de plusieurs gravures

EN VENTE

AUX BUREAUX DE LA *CONTROVERSE*

LYON	PARIS
VITTE ET PERRUSSEL	NOUVELLE LIBRAIRIE
3, place Bellecour, 3	14, rue de la Sorbonne, 14

1881

L'HOMME-SINGE & NOS SAVANTS

INTRODUCTION

Deux humanités comme deux Frances. — Humanité
simienne. — Affaire de science. — La science

IL y a deux Frances, a-t-on dit, et les évènements qui se passent sous nos yeux paraissent prouver que l'on a eu raison de le dire.

Y aurait-il aussi deux humanités ? On pourrait l'affirmer avec la même apparence de raison. Ecoutez ce qui s'enseigne dans le journal, dans les conférences publiques, dans les congrès scientifiques, et même à l'école, vous recueil-

1

lerez comme deux cris qui résument deux doctrines opposées, deux tendances contraires : « Vive le singe ! Vive la bête ! » crient les uns : « Vive Adam ! Vive Dieu ! » répondent les autres. « Vive le singe ! Vive la bête ! » c'est le cri de quelques milliers d'humains qui acceptent le singe pour ancêtre : appelons cette partie de l'humanité, l'humanité simienne. « Vive Adam ! Vive Dieu ! » c'est le cri de ces centaines de millions d'êtres raisonnables qui croient à la création directe et immédiate de l'homme par Dieu ; c'est la traduction de ces deux mots par lesquels saint Luc conclut la généalogie du Fils de Dieu fait homme : *Qui fuit Adam, qui fuit Dei* ; c'est le cri de tous ceux qui appellent leur premier père Adam, et nomment Jésus-Christ leur Rédempteur : cette autre portion si nombreuse de l'humanité nommons-la du nom même de son chef, l'humanité adamique. L'humanité simienne, l'humanité adamique, voilà donc nos deux humanités bien définies.

Pour peu que l'on y réfléchisse, l'on trouvera facilement que ce n'est ni par instinct naturel ni par tendance innée que l'homme, que quelques hommes du moins, se décident à aller chercher leurs aïeux parmi les purs animaux. Sans doute il y a dans l'homme, en nous tous, certains penchants mauvais par lesquels l'humain de faible volonté se laisse vaincre, se laisse pousser à faire des choses que, dans les bêtes elles-mêmes, il punit du bâton ou du fouet. *Video meliora proboque ; deteriora sequor,* et l'on sait tout ce qu'il y a dans ces *deteriora!* Cela fut vrai de tout temps comme aujourd'hui.

Mais enfin jamais peuple ou philosophe n'en fit une raison suffisante pour proclamer qu'il n'avait dans ses veines que du sang de singe ou de bête. Aujourd'hui encore, les docteurs qui plaident avec le plus de chaleur la cause de l'humanité simienne, nous avouent que leurs singulières et humiliantes prétentions rencontrent une vive opposition, une forte répulsion dans le cœur humain.

Mais alors pourquoi se donnent-ils tant de peine afin de soutenir une doctrine dont personne n'est content ? Ah! nous disent-ils, c'est que la question d'origine et de descendance n'est pas une affaire de goût, une affaire de sentiment, mais une affaire de *Science*. Une affaire de Science! voilà le grand mot : la Science, affirment-ils, veut que nous descendions de la bête ; il faut nous y résigner malgré les déplaisirs de notre vanité, les singes, les bêtes sont parmi nos aïeux ; nous tenons d'eux notre sang et ce qu'il y a de meilleur en nous ; nous sommes l'humanité simienne.

La *Science!* Croient-ils donc que si nous nous disons fils d'Adam, nous ne savons pas pourquoi nous nous donnons cette descendance ? Croient-ils que nous n'avons pas en main les titres de notre généalogie, les preuves de notre origine ? A les entendre, tous ceux qui se disent les enfants d'Adam et les rachetés de Jésus-Christ, ne se laissent guider que par le goût et par le sentiment. Mais nous avons pour nous les traditions de tous les peuples, l'histoire, et, ce qui vaut encore mieux que tout cela, la parole de Dieu même.

Nous avons beau faire, et montrer que nous avons des preuves certaines de notre descendance d'un premier homme créé par Dieu et appelé Adam, tout cela, nous disent-ils, tout cela n'est pas la Science. — Mais qu'est-ce donc que la Science, que votre Science ?

Que donne-t-elle ? Qu'enseigne-t-elle enfin ? Ecoutez-les : *Quot capita, tot sensus ;* le nombre des opinions se compte par le nombre de nos savants : l'un dément ce que l'autre affirme ; l'un voit blanc où l'autre voit justement tout noir ; de sorte que si vous voulez résumer en un

court symbole les articles de cette prétendue
Science, tout vous échappe. Vous êtes simplement en présence d'un grand mot, *la Science*,
et d'un désir, le désir de se passer du catéchisme et de la théologie. Cette Science
tant vantée de nos savants ne serait donc qu'un
peu de neige sur une fosse sépulcrale, comme
un voile qui cache beaucoup d'ignorance ?

C'est la conclusion à laquelle nous sommes
amenés. Eh bien ! je l'avoue, j'ai voulu me donner l'agrément de donner, de cette conclusion,
une démonstration complète et claire, en m'as-
treignant à la sévère condition de ne me servir
que de raisons et d'arguments empruntés à nos
savants eux-mêmes, à ce que l'on appelle la
Science.

Quelques lecteurs seront peut-être scan-
dalisés du ton légèrement railleur que l'auteur de *L'Homme-Singe* prend en parlant de la
science. Un mot d'explication de sa part ne
sera donc point hors de propos.

D'abord, l'auteur de l'homme-singe trouve
que nos savants, naturalistes, physiciens, chimistes, se mettent dans leur tort, et com-
mettent une vraie injustice en confisquant à
leur profit le beau nom de *science*. Ils sont
savants, personne ne le nie, et tous nous

admirons l'étendue vaste et profonde de leurs connaissances dans le domaine spécial dont ils ont entrepris l'exploitation. Nos naturalistes, nos physiciens, nos chimistes ont observé, décrit, vérifié beaucoup de faits qui appartiennent à l'histoire de la création matérielle, et les faits bien constatés, bien prouvés, sont, en toute science d'observation et d'expérimentation, la véritable richesse.

De plus, non contents d'avoir ainsi recueilli ces matériaux des sciences qui sont les faits, ils ont coordonné ces éléments, les ont réunis en des systèmes qui les présentent dans leur ensemble et dans leurs relations les plus vraies. Cet acte de l'intelligence, s'exerçant sur telle série de faits, est l'acte constitutif de telle ou telle science. Ainsi nous avons la science physique, la science chimique, l'histoire naturelle. Ces sciences sont des systèmes de connaissances, coordonnées selon leurs analogies et leur parenté naturelle, ou groupées au moyen de dépendances factices pour faciliter le travail de l'intelligence et de la mémoire.

On est donc savant quand on possède une série de ces connaissances : on est un savant physicien, un savant chimiste, un savant naturaliste, un savant mathématicien : on possède ou les sciences physiques, ou les sciences naturelles, ou les sciences mathématiques, et quelquefois toutes ces sciences ensemble. Mais si, même dans ce cas, l'on vient me dire : « J'ai la science. » — « Prenez garde, répondrai-je, peut-être avez-vous moins que vous ne pensez. Avez-vous la science théologique ? Avez-vous la science historique ? Avez-vous la science philosophique ? Si vous ne possédez pas ces sciences, comment vous, savant physicien, ou savant chimiste, ou savant naturaliste, comment osez-vous dire : « Je suis la science? »

A pareil dédain pour la science théologique, pour la science philosophique et pour les autres sciences, pourquoi l'auteur de l'homme-singe ne pourrait-il pas répondre par le ton légèrement railleur qu'il emploie en parlant, non pas de la science véritable, mais des erreurs et des sophismes des faux savants qui ont la hautaine prétention de monopoliser la *science* à leur profit ?

Mais cette science, ou plus exactement cette prétendue science des savants dont je parle ici, donne-t-elle au moins la solution des problèmes importants qui intéressent l'homme, la famille, la société ? Me dit-elle ce qu'est l'homme, d'où il vient, où il va, si tout finit

quand on meurt? Questions dont la solution
doit avoir une immense influence sur la conduite de la vie et sur les mœurs. J'écoute et
j'entends cette réponse d'un de nos savants :
« A ceux qui m'interrogent sur le problème
de nos origines, je n'hésite pas à répondre au
nom de la science : Je ne sais pas. » Et d'autre
part on ajoute : « Lorsqu'on leur a posé (aux
savants) des questions aujourd'hui insolubles,
et qui le seront peut-être à jamais, (comme cette
question : d'où vient l'homme ? — où va
l'homme ?) ils n'ont pas hésité à répondre :
Nous ne savons pas ; lorsqu'on a voulu leur
imposer des doctrines purement métaphysiques, ils ont protesté au nom de l'humanité
et de l'observation. »

Tyrannie de la science orgueilleuse et incom-
plète ! elle ne sait pas, et ce qu'elle ne peut
m'apprendre, elle me défend de m'en laisser
instruire par un autre maître.

Mais encore cette science, même quand elle
reste dans son propre domaine, est-elle donc
toujours une vraie science, certaine et stable ?
Les faits, sans doute, restent toujours les faits,
mais l'interprétation des faits par la science
est-elle toujours la même ?

Disons-le, au risque de scandaliser quelques

esprits faibles : La science, par un de ses côtés, c'est-à-dire quand elle se livre à l'hypothèse, à la divination des causes des phénomènes naturels, ne présente que fluctuation et versatilité : elle est, sous ce rapport, dans une constante variation, dans une perpétuelle mobilité ; elle n'est point encore faite, comme on a généralement le tort de le penser ; elle est dans le devenir, *in fieri*, pour parler avec l'école.

Et, en m'exprimant ainsi, je ne calomnie point la science, je constate un fait incontestable, je répète ce que disent les savants de bon sens et de bonne foi. Voici, par exemple, un passage d'une brochure adressée à M. de Mortillet par M. Chabas (*Les Etudes préhistoriques et la libre-pensée devant la science*, 1875). M. de Mortillet avait fort vanté la science : la science, d'après M. de Mortillet, devait être aujourd'hui le tout de l'homme, la science, bien entendu, avec les anthropopithèques et autres inventions de même valeur. M. Chabas répond (p. p. 49-50) :

« La théorie du transformisme, du progrès continu, et vos idées sur l'histoire de l'humanité, d'après cette théorie, ne reposent, en définitive, que sur de hardies hypothèses, que les faits ne cessent de démentir. Vos maîtres ont reconnu le danger qu'il y avait pour eux à presser les détails, et à faire entrer en scène les types géologiques connus. Une théorie de ce genre est-elle fondée à hausser le ton et à s'imposer d'autorité, en traitant d'ignare quiconque demanderait des preuves ? Comment, lorsque les sciences naturelles font comme un retour sur elles-mêmes ; lorsqu'on met en question les lois de la gravitation ; lorsqu'on proclame l'incertitude des transitions entre les époques géologiques ; lorsqu'on conteste le parallélisme des formations ; lorsqu'on parle du renversement de l'axiome : *tels fossiles tel terrain ;* lorsque la théorie du feu central de notre globe est combattue par de bonnes raisons ; lorsque celle des volcans est reconstruite sur des bases nouvelles ; comment, lorsque de toutes parts on demande à grands cris de la lumière, toujours plus de lumière, comment, dis-je, pouvez-vous nous ordonner de nous agenouiller devant votre idole, dont vous connaissez les vices et les difformités, et de brûler à ses pieds tout ce que nous avons adoré jusqu'à présent ? Nous attendrons que vous nous présentiez votre déesse sous un jour plus complet, etc. »

Oui, lorsqu'on nous offre les conclusions certaines de la vraie science, de celle qui ne donne pas ses hypothèses pour des vérités, de la science modeste qui accepte la lumière de quelque part qu'elle vienne, du ciel comme de la terre : nous les accueillons toujours avec joie. La vraie science, nous la respectons, nous l'aimons ; les savants qui nous la présentent, nous les honorons et nous sommes leur humble disciple. Mais la suffisance orgueilleuse qui se pare du nom et des dehors usurpés de la science, qui affirme ou nie, lorsqu'elle devrait douter ou reconnaître son ignorance, nous la détestons, et nul homme de bon sens ne trouvera mauvais que nous répondions à ses prétentions, en le prenant sur le ton légèrement railleur.

PREMIÈRE PARTIE

M. BROCA, M. PERRIER ET L'HOMME-SINGE

ous commencerons par mettre aux prises, sur la question palpitante et actuelle de l'Homme-Singe, deux représentants très-autorisés de l'enseignement public dans la France d'aujourd'hui.

Nos deux savants traitent l'un et l'autre la question de l'origine de l'homme ; tous les deux, qui plus est, sont transformistes, mais ils ne sont point du tout transformistes l'un comme l'autre ; toutes les preuves que l'un

propose en faveur du système, l'autre les réfute
parfaitement et les réduit à néant; cet autre transformiste va même jusqu'à nous donner de très
bons arguments qui nous forcent à nier toute
transformation des espèces et à affirmer que
chacune des espèces animales et végétales, ainsi
que l'homme, sont des créations spéciales et
immédiates de Dieu. Un savant qui se réfute
lui-même, pourrait-on trouver mieux ? Nous
écouterons donc nos deux savants ; après les
avoir entendus, nous conclurons que la valeur
scientifique du transformisme est absolument
nulle ; il ne resterait plus alors qu'à être transformiste par goût, par sentiment, sans aucune
raison. Après cela, sera transformiste qui voudra.

Les deux champions que je me propose de
faire entrer en lice sont **M.** Paul Broca et
et **M.** Edmond Perrier. Faisons plus ample
connaissance avec chacun d'eux.

CHAPITRE I

PAUL BROCA, TRANSFORMISTE, MAIS POINT DARWINISTE

Pourquoi Paul Broca est transformiste : par goût — pour l'honneur de Dieu — par engouement scientifique. Et cependant Broca ignore parfaitement suivant quels procédés la transformation des êtres s'est opérée.

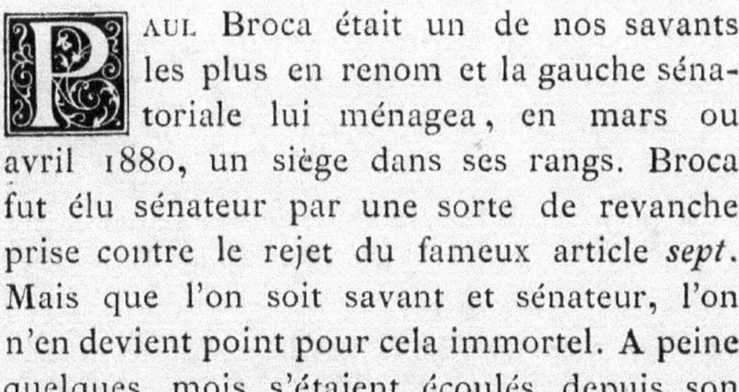

PAUL Broca était un de nos savants les plus en renom et la gauche sénatoriale lui ménagea, en mars ou avril 1880, un siège dans ses rangs. Broca fut élu sénateur par une sorte de revanche prise contre le rejet du fameux article *sept*. Mais que l'on soit savant et sénateur, l'on n'en devient point pour cela immortel. A peine quelques mois s'étaient écoulés depuis son élection et Broca était mort, ou, pour employer l'expression pittoresque et peut-être scientifique inventée par M. Gambetta, *les foudres de la nature avaient subitement supprimé* notre nouvel inamovible.

Paul Broca, en mourant, laissait-il *une traînée de lumière?* La traînée de lumière ne pouvait être, pour notre savant, qu'une vérité découverte, ou une vérité éclairée d'un nouveau lustre. Or que nous apprit Broca sur les questions vraiment sérieuses? Broca se connut-il seulement lui-même? Nous allons l'apprendre de sa propre bouche. En 1870, notre savant fit, à la Société d'Anthropologie de Paris, une dissertation fort complète sur le transformisme. Cette pièce a été publiée tout au long dans la *Revue des Cours scientifiques*, des 22 et 30 juillet 1870. C'est à ce discours que j'emprunte mes documents.

Broca est transformiste ; il nous l'affirme et nous devons l'en croire. Notre savant admet même d'emblée la génération spontanée des végétaux et des animaux. La vie, d'après lui, n'a point été l'œuvre d'un Dieu créateur. La vie a pris naissance sous l'action des lois naturelles ; les organismes se sont formés directement par l'agencement des matières minérales. Les différents types organiques, y compris l'homme lui-même, ne doivent point davantage les caractères qui les diversifient à l'intervention directe d'un pouvoir créateur; mais les espèces d'aujourd'hui et les distinctions spécifiques ne sont que les conséquences fatales des lois naturelles.

Voilà bien le transformisme, qui veut à toute force chasser Dieu du monde, et déchire sans sourciller le premier feuillet de la Bible.

Mais un homme raisonnable, fût-il même un de nos savants, ne doit rien admettre sans quelque preuve suffisante ; permettons-nous donc de demander à Broca pourquoi il préfère le transformisme à la doctrine de la permanence des espèces. Il nous en suggère trois motifs.

D'abord c'est son goût. Il n'est pas de ceux qui méprisent les parvenus; il trouve plus de gloire à monter qu'à descendre : « J'aimerais mieux, continue-t-il, être un singe perfectionné qu'un Adam dégénéré. Oui, s'il m'était démontré que mes humbles ancêtres furent des animaux inclinés vers la terre, des herbivores arboricoles, frères ou cousins de ceux qui furent les ancêtres des singes, loin de rougir, pour mon espèce, de cette généalogie et de cette

parenté, je serais fier de l'évolution qu'elle
aurait accomplie, de l'ascension continue qui
l'aurait conduite au premier rang, des triom-
phes successifs qui l'auraient rendue supérieure à toutes les autres. Je me réjouirais en
pensant que mes descendants, poursuivant
indéfiniment l'œuvre splendide du progrès,
pourraient s'élever au-dessus de moi autant
que je m'élève au-dessus des singes et réaliser
cette promesse du serpent de la Genèse :
« *Eritis sicut dii.* »

« Vous serez comme des dieux. » Hélas !
mon cher Monsieur Broca, le monde les a eus
ces dieux que promettait le serpent : ils s'ap-
pelaient Bacchus, Vénus, et autres d'une
égale honnêteté . Voulez-vous que nous y
revenions ? Pour cela, ce n'est pas monter qu'il
faut, c'est descendre et glisser jusque dans la
boue, dans la fange . Reverrons-nous ces
temps ? Qu'on bannisse le catéchisme et le
Décalogue, et ces dieux-là reviendront. Sont-ils
même bien loin ?

Broca nous donne une seconde raison de
sa préférence pour l'évolution des espèces. S'il
adopte le transformisme, il le fait, soyez-en
persuadé, dans l'intérêt du Dieu des croyants ;
il a souci de l'honneur, de la gloire de

Dieu, comme tout bon clérical. « Si j'appartenais, nous dit-il, à l'école de ceux qui expliquent toutes les inconnues par l'intervention d'un Dieu personnel, je chercherais dans le transformisme un refuge contre les anxiétés que ferait naître dans mon esprit l'histoire de notre planète et de ses habitants. »

Notre savant voit de très graves inconvénients à mettre sous la direction de la Providence divine les créations et destructions successives des types organiques, la production des espèces qu'il nomme incomplètes et paradoxales, l'apparition des parasites, comme puces et punaises ; parce que, à son avis, en agir ainsi, ce serait accuser Dieu ou d'un défaut d'attention, ou d'un manque de sagesse, de puissance, de bonté, et il conclut en ces termes :

« La doctrine de la permanence des espèces n'aboutit qu'à un abîme de confusions, d'impossibilités physiques et métaphysiques, soit que l'on considère la première apparition de la vie, soit qu'on fasse intervenir une, ou plusieurs fois, ou d'une manière continue l'action d'une puissance créatrice pour expliquer l'apparition des espèces. L'on ne peut sortir de cet abîme qu'en admettant, comme conséquence de l'histoire, de la répartition et de la

constitution des espèces, la nécessité de leur
évolution et de leur transformation. »

C'est ainsi que plus ou moins poliment l'on
voudrait éliminer du monde le Tout-Puissant.
N'est-il pas, en effet, fort gênant d'avoir, en
toutes ses œuvres, à tenir compte de la volonté
d'un souverain maître, « d'un Dieu personnel, d'un Dieu vivant (je me sers ici des expres-
sions qu'emploie Broca), d'un Dieu qui a tout
créé, tout organisé, qui surveille tout, qui fait
tout, qui a établi des lois, mais qui peut les
suspendre, qui maîtrise la nature, et qui dispense à son gré, parmi les individus, comme
parmi les espèces, la force et la faiblesse, la
mort et la vie ? »

Remplacez ce Dieu trop vigilant par le
transformisme et ses lois fatales « qui ne
laissent aucune place à un pouvoir supérieur, »
et vous avez, nous annonce Broca « une
hypothèse dont la hardiesse étonne, ou indigne même beaucoup d'esprits attachés aux
croyances les plus répandues, mais qui, par là
même, attire à elle les esprits impatients de se
soustraire au joug des dogmes. »

Mais il ne suffit pas d'avoir trouvé, par une
hypothèse hardie, le moyen de chasser Dieu ;
il faudrait encore au moins nous montrer que

cette hypothèse peut remplir son mandat, le rôle qu'on lui confie, qu'elle est apte à mettre dans l'univers le bel ordre que nous y contemplons, à établir entre les êtres l'admirable harmonie qui les rattache les uns aux autres. L'hypothèse hardie du transformisme suffit-elle à ce travail intelligent ? Comment en vient-elle à bout ? Broca nous l'avoue ingénuement : il n'en sait rien. Comment le transformisme a-t-il fait apparaître la vie où il n'y avait rien de vivant ?—Je l'ignore, répond notre savant. — De combien de souches primitives descendent les êtres aujourd'hui vivants ? — Je l'ignore : par goût, je serais pour le transformisme polygénique. — Par quel procédé les espèces se sont-elles formées les unes des autres ? — Je l'ignore. — Quel fut l'ancêtre du chien ? — Je l'ignore. — Et du cheval ? — Je l'ignore. — Pourquoi les types organiques se sont-ils succédé en tel ordre plutôt qu'en tel autre, par exemple pourquoi le paléotherium a-t-il précédé le cheval ? — Je l'ignore. — Pourquoi certaines espèces ont elles eu une si longue durée, pendant que d'autres n'ont paru qu'un instant ?

A toutes ces questions, Broca n'a nulle réponse à nous donner, si ce n'est celle-ci :

Je suis transformiste et je m'en tiens à cette assertion générale. « La permanence des espèces me paraît presque impossible; il est donc très probable que les espèces sont variables et sujettes à l'évolution.» Quant aux détails suivant lesquels cette évolution s'est faite, je n'ai rien à en dire, je n'en sais rien, car « les causes, les agents de cette transformation des êtres, sont encore inconnus ; toutes les théories qui ont été tentées jusqu'ici (c'est toujours Broca qui parle) sont insuffisantes ; la grande synthèse de la nature n'est pas encore réalisée! » Voilà de bien grands mots pour dire que l'on ne sait rien. Enfin, comme conclusion, faites toutes les conjectures que vous voudrez ; vous avez le champ libre, le champ illimité pour toutes les hypothèses.

Ainsi Broca se contente de la simple affirmation du transformisme, mais il n'est transformiste ni comme Lamarck, ni comme Darwin, ni comme aucun autre, on pourrait même dire qu'il n'est transformiste d'aucune manière, puisque, pour lui, tous les procédés proposés dans le but d'expliquer le mécanisme du transformisme ne sont que des conjectures incertaines, et qu'il ne met rien à la place de ces conjectures.

Le célèbre Professeur nous l'avoue donc
nettement : le transformisme n'a pas sa preuve
directe, n'a pas sa preuve d'observation, n'a
point, par conséquent, sa preuve scientifique ;
sa nécessité ne repose que sur l'induction philosophique, procédé qui, d'après nos savants,
n'est point scientifique. Comment alors ne pas
s'étonner que Broca en vienne à nous dire
que s'il est attaché au transformisme, c'est que
la science l'exige ? C'est cependant la troisième
raison que notre savant met en avant pour
se déclarer transformiste. La Science l'exige ?
Mais vous avouez vous-même que la Science
ne nous a encore rien appris sur l'origine des choses, que si haut et si loin qu'elle
nous conduise, elle nous amène toujours devant
l'inconnu ! Et c'est justement là, dans cet inconnu, la propre place du transformisme, car
vous ajoutez : « Là où les faits nous abandon-
nent, l'hypothèse nous soutient encore quelque
temps, puis il arrive un moment où les lois que
nous connaissons ne peuvent plus rien expliquer. » Et c'est alors, n'est-ce pas ? c'est à ce
point obscur où la science ne voit plus rien,
que vous placez votre transformisme, votre
hypothèse, votre supposition, et vous nous
dites cependant fort gravement : Je suis

transformiste, parce que la Science le veut !

La Science le veut ? Mais la grande synthèse de la nature n'est pas encore réalisée : comment la Science pourrait-elle le vouloir ! La Science le veut ? Ecoutons Broca nous dire comment sa Science le veut : Si le Dieu créateur, nous insinue notre savant, s'occupe de ce monde en quoi que ce soit, si Dieu se mêle le moins du monde, « de la production primor- « diale de la vie, de la formation des espèces « animales et végétales, de leur succession « dans le temps, de leur répartition sur le « globe, de leur extinction, il n'y a plus de « Science ; car la Science est la détermination « des faits enchaînés par des rapports néces- « saires, des lois immuables, au milieu des- « quels il ne reste plus de place pour les « agents surnaturels » et par conséquent plus de place pour Dieu. C'est compris : ou plus de Dieu se mêlant du monde, ou plus de science ; c'est le dilemme de Broca. On connaît son choix et il le déclare nettement : Si vous laissez Dieu dans le monde « il n'y a plus de lois ; s'il n'y a plus de lois, il n'y a plus de Science ; s'il n'y a plus de Science, que venons-nous faire ici ? »

Eh ! oui, que venez-vous faire ici ? Affirmer

le transformisme au nom de la Science ; je le veux. Mais que m'apprenez-vous de l'origine des espèces et de leur parenté directe ou indirecte ? Que me dites-vous sur la généalogie de l'homme, sur la destinée de l'homme, sur la grandeur ou la bassesse de l'homme ? Jusqu'à présent, vous l'avouez, on a échoué dans ces recherches. Mais, et c'est là le dernier mot de votre Science, « il ne faut pas désespérer de l'avenir ; il ne faut à l'esprit humain que du temps pour tout savoir. »

Je ne sais pas : ceux qui viendront après moi arriveront peut-être à savoir ; voilà tout ce qu'on nous laisse après nous avoir enlevé notre catéchisme au nom de la Science : une espérance pour nos futurs neveux. En attendant les hommes marchent dans les ténèbres ; ils passent sans même avoir entrevu le rayon de lumière qui devait les guider. Broca lui-même est mort, et il n'y a plus qu'à écrire sur la pierre sépulcrale qui recouvre ses restes refroidis : Ci-gît un savant, qui pourtant ne sut pas ce qu'il lui importait avant tout de savoir : d'où il venait et où il allait !

Pauvre savant ! Triste Science !

Nous connaissons maintenant Paul Broca. Quand il nous affirmera que le Darwinisme n'est qu'une pure conjecture, un brillant mirage, nous pourrons l'en croire. Si l'explication que donne Darwin de l'évolution et de la formation des types organiques avait la moindre valeur scientifique, Broca l'eût accueillie, quand ce n'eût été que pour faire pièce à Dieu.

CHAPITRE II

M. EDMOND PERRIER, TRANSFORMISTE ET DARWINISTE

M. Perrier n'a pas toujours cru aussi fermement au darwinisme. — Il est démontré d'après M. Perrier, et, d'après M. Perrier encore, il n'est cependant pas démontré que l'homme soit un produit de l'évolution transformiste.

ONSIEUR Edmond Perrier est professeur au Muséum d'histoire naturelle de Paris. A-t-il toujours été aussi chaud partisan du transformisme qu'il semble l'être aujourd'hui ? Je n'en suis point persuadé. En 1873, M. Perrier rendait compte, dans la *Revue scientifique*, de l'ouvrage de Darwin sur la descendance de l'homme : après avoir rappelé, à la suite de l'auteur anglais, l'étroite ressem-

blance anatomique qui relie l'homme aux animaux, il ajoutait : « En toutes ces similitudes,
Darwin voit des traces, des preuves d'une parenté effective ; mais Agassiz n'y reconnaît que
la réalisation d'un plan de la Providence pour
obtenir de la variété : choisisse qui pourra, »
disait alors M. Perrier. « Cependant Darwin se
montre incontestablement plus scientifique,
Agassiz plus poétique. »

Un peu plus tard, M. le Professeur au
Muséum paraît avoir fait son choix et même
être devenu admirateur assez enthousiaste du
système de l'évolution progressive. Dans une
leçon sur le transformisme et les sciences physiques, (*Revue scientifique*, 22 mars 1879), il
s'exprimait ainsi : « Lorsqu'une doctrine obtient
un retentissement semblable à celui qu'a obtenu
de nos jours le transformisme, cela tient moins
d'ordinaire à cette doctrine elle-même, qu'à
l'accord qu'elle présente avec un ensemble de
conceptions constituant comme le fonds philosophique de l'époque où elle paraît. »

M. Perrier voit et admire le transformisme
partout : transformisme en géologie, parce que
la théorie des causes actuelles a succédé à la
théorie des révolutions du globe : transformisme en cosmographie, parce que les astres,

après avoir passé leur enfance à l'état de nébuleuse, sont de nos jours dans leur vieillesse, à l'âge de la décrépitude ; transformisme en physique, parce que le mouvement vibratoire remplace partout les vieux fluides ; transformisme dans le monde inorganique, parce que tout y est uni par la continuité absolue, un état antérieur étant la cause nécessaire de l'état suivant, (M. Perrier oublie de nous dire, en cet endroit, si l'état de néant, de non-existence, au commencement des choses, fut alors aussi la cause nécessaire de l'état d'existence qui a suivi le néant, cause nécessaire de l'être ! ce serait très fort) ; transformisme dans le monde organique, puisque ce que nous appelons la vie est identique avec les forces ordinaires de la physique et de la chimie, et que la vie se borne à coordonner d'une façon particulière ces forces, dont l'action sur la matière ne saurait être modifiée.

L'organisme lui-même, selon M. Perrier, apparaît comme une machine tantôt simple, tantôt plus ou moins complexe, soumise, dans tous les cas, aux lois rigoureuses de la mécanique, ne les transgressant jamais. Ainsi, dit pompeusement le docte Professeur, « les forces physiques s'emparent de l'antique domaine de la force vitale pour réléguer celle-ci, avec tous ses caprices et tous ses mystères, dans l'Olympe des anciens dieux. » — Et mon âme, Monsieur, mon âme par laquelle je vis, je pense, je réfléchis, je vous comprends ; mon âme avec ses caprices et ses mystères, avec son intelligence, sa volonté, son franc arbitre ; mon âme, dites-moi, faut-il aussi la mettre au rebut dans l'Olympe des anciens dieux ? Comme tout ce qui vit, je ne serais donc, moi aussi, qu'une machine plus ou moins complexe soumise aux lois de la mécanique ? Je n'ai pas à dire merci, car certes ce n'est point là me faire un compliment.

M. Perrier est donc résolument transformiste ; mais il n'est point seulement un transformiste idéal et nébuleux à la manière de Broca : il comprend qu'un transformisme qu'on ne voit pas à l'œuvre pour construire le monde, transmuter les êtres, appeler à l'existence certains types organiques, en tuer d'autres, ne saurait satisfaire ni l'imagination ni l'esprit. M. Perrier sait donc par quel procédé le transformisme a opéré la transmutation des êtres ; il sait que c'est par le procédé auquel Darwin, son inventeur, a donné son nom : M. Perrier, en deux mots, est transformiste et darwiniste.

C'est en août 1880, à Reims, au Congrès de l'Association française, pour l'avancement des sciences, dans une conférence publique sur le transformisme, que M. Perrier a exposé ses idées et résumé toutes les raisons qui lui semblent donner à son opinion une grande valeur scientifique. La *Revue scientifique* (28 août 1880) nous a donné cette conférence ; nous y trouverons les arguments en faveur du transformisme darwiniste, dont Broca se charge de nous faire voir facilement la faiblesse et la nullité.

C'est étonnant combien nos transformistes ont peur de poser la question nettement et clairement, quand ils nous donnent, même en public, leurs théories. Si l'on avait une conférence à faire sur la formation des espèces organiques, dont l'homme est une, par voie d'évolution, ne semblerait-il pas qu'il serait très naturel de commencer ainsi : Mesdames et Messieurs, vous êtes les descendants des bêtes, vous êtes les proches parents des singes: peut-être votre ancêtre fut quelque pithèque tertiaire, et votre aïeule certaine guenon du même temps : c'est la proposition que je vais avoir l'honneur de vous démontrer? — Sans doute le compliment ne serait pas agréable à entendre, mais ce serait franc. Pourquoi des détours, pourquoi des concessions à une vanité mal placée et certainement, dans l'hypothèse, fort peu scientifique ?

M. Perrier, il faut l'avouer, a sacrifié à ce faux amour-propre. Au commencement de sa conférence, il n'est bonnement question que d'exposer l'état actuel de nos connaissances relativement aux transformations des êtres vivants. « Des écrits considérables ont été composés pour ou contre la doctrine que l'on désigne sous les noms variés de transformisme, de théorie de la descendance, de doctrine de l'évolution ; ses partisans et ses détracteurs ont produit, à l'appui de leurs convictions personnelles, un nombre immense d'arguments. Comment, dans les quelques instants dont je dispose, pourrais-je vous offrir un résumé même sommaire de ce qui mérite d'être dit sur cette palpitante question ? »

Palpitante question, certes oui, si vous allez condamner l'homme à venir de la bête et du singe. L'homme, le respecterez-vous, le mettrez-vous hors de cause ? De l'homme, M. Perrier ne souffle mot ni au commencement, ni dans le cours de sa conférence ; mais voici qu'à la fin il jette à ses auditeurs ces mots : Et vous

aussi, vous êtes de ceux-là, c'est-à-dire vous
êtes des animaux transformés, transmutés, évo-
lués. — On rougit malgré soi, mais l'on nous
exhorte à ne pas avoir de ces hontes. « Loin
de rougir, nous dit-on, de cet humble début,
l'homme peut être fier de la rapide et brillante
ascension de sa race ; car son élévation au rang
suprême dans la création est le prix de vic-
toires incessamment remportées sur tout ce
qui vivait autour de lui, sur la terre. »

C'est donc bien vrai, et il ne me reste qu'à en
prendre mon parti en brave : je suis réellement
fils de la bête ? — N'en doutez pas, me répond
M. Perrier, « l'homme n'a pas échappé à la
loi commune qui régit les autres animaux.
L'homme appartient au type vertébré :
comme les autres vertébrés, il a été constitué
à l'aide des formes inférieures. »— Ainsi la
chose est tout à fait certaine ? — « L'homme
ne saurait avoir d'autre origine, reprend M.
Perrier ; j'espère vous l'avoir démontré : les
phénomènes de la formation des êtres vivants
sont régis par des lois peu nombreuses, aussi
certaines, aussi précises que celles de la physique et de la chimie. » — Mais alors, s'il est
certain que je viens de la bête, si je ne saurais
avoir d'autre origine, si la chose est démon-

trée, pourquoi me troublez-vous dans mes convictions transformistes en terminant par ces mots qui remettent tout en question : « Cette doctrine, discutée aujourd'hui, peut devenir la vérité démontrée de demain, et dès maintenant l'homme doit s'habituer à regarder en face les nouveaux devoirs que pourrait lui imposer une connaissance précise de ses origines. »

Définitivement, à quoi dois-je m'en tenir ? Dois-je croire que je ne suis qu'une transformation, une évolution de la bête ? La chose n'est plus certaine, puisqu'on la discute encore ; elle n'est plus démontrée, puisqu'on en espère pour demain la démonstration. En attendant, la pratique des devoirs moraux qu'imposerait la connaissance précise de notre origine, est renvoyée aux calendes grecques. Dans l'intervalle, nous pouvons aller à notre guise, nous pouvons courir les champs, en évitant de nous commettre avec le garde- champêtre ou le gendarme. Quand nous saurons d'où nous venons, nous ferons mieux.

Résultat définitif d'une conférence de deux ou trois heures sur l'origine de l'homme : Je vous dis que l'homme est une transformation de la bête, mais ce n'est pas démontré, c'est encore discuté. Que reste-t-il de certain ? — Rien.

Les deux antagonistes que nous mettons en présence nous sont connus : nous allons passer à la discussion des motifs, des raisons que l'on apporte pour faire descendre l'homme de la bête.

CHAPITRE III

L'HOMME-SINGE PEUT-IL ÊTRE ORTHODOXE ?

La vraie signification de cette expression : l'Homme-Singe.
— L'homme-singe et la Providence. — L'homme-singe
est une hypothèse dont on prétend tirer parti pour
chasser Dieu du monde : aveux des transformistes irré-
ligieux. — La peur exagérée de la Science conduirait à
des concessions inopportunes. — Dieu fait, non tout ce
qu'il *peut* faire, mais tout ce qu'il *veut* faire. — L'Homme
tel que Dieu l'a *voulu* faire : Notre Adam biblique ne
doit rien à l'évolution transformiste, ni son corps, ni son
âme.

L'HOMME-SINGE ! Cette expression n'a
point tout à fait l'exactitude désirable
pour désigner cet être mixte et louche
par lequel s'est fait, dans l'hypothèse transformiste, le passage du pur animal à l'homme ; la
formule : « l'homme-bête », serait préférable. Il
y a en effet des partisans de la transmutation des
espèces qui excluent le singe de la généalogie de

l'homme : d'autres ne font des pithèques que nos cousins ; d'autres enfin y vont plus franchement et ne trouvent point d'inconvénient à mettre les singes au nombre de leurs aïeux directs. A chacun son goût ; le transformisme n'est pas un cadre tellement bien arrêté d'hypothèses et de conjectures qu'il ne se prête facilement à tous ces complaisants accommodements. Il arrive même que, ce que l'on retire d'un côté, on l'accorde libéralement de l'autre, comme nous le prouve le fait suivant.

En 1878 M. Hœckel, un fameux transformiste d'outre Rhin, venait à Paris recevoir les hommages des darwinistes français. Après le banquet, l'inventeur de la monère, répondant aux compliments que lui avait adressés M. Soury, disait : « Certes l'homme ne descend directement d'aucun des anthropoïdes actuels. Aucun naturaliste sérieux n'a professé cette doctrine qui n'a plus cours que parmi les personnes du monde et les théologiens. Longtemps encore les gens frivoles et ignorants trouveront un sujet de douce et innocente gaieté à la pensée qu'on veut les faire passer pour des singes perfectionnés. Personne n'y songe.... »

Après avoir entendu cette déclaration vous

allez sans doute vous persuader que Hœckel renonce à toute descendance simienne. Eh bien ! il faut vous détromper : écoutez ce qu'ajoute immédiatement notre orateur : « Mais si l'homme ne descend d'aucun des anthropoïdes connus, il n'en a pas moins des aïeux communs avec ceux-ci : il n'est (l'homme) qu'un ramuscule du rameau des singes catharrhiniens de l'ancien monde. On ne peut douter, ainsi que l'a écrit Darwin, que notre ancêtre ne descendît d'un quadrupède velu, muni d'une queue, d'oreilles pointues, et qui habitait les arbres. C'était bien un singe, (ainsi parle M. Hœckel lui-même,) et tout zoologiste le classera dans le même ordre que le commun ancêtre, plus antique encore, des singes de l'ancien et du nouveau monde. »

Résumons la réponse de notre docteur transformiste. L'ancêtre de l'homme fut-il un singe ? Je nie, dit Hœckel, que l'homme descende des singes actuels, mais j'affirme que son ancêtre plus ancien fut bien un singe. En définitive, donc, d'après vous, l'homme descend d'un singe, et alors, comment nous trouvez-vous si ridicules, quand, pour résumer en un mot la généalogie que vous faites à l'homme, nous nous servons de l'expression « l'homme-singe. »

Après ces explications qui précisent le sens des mots, et rendent à César ce qui est à César, je continuerai à me servir du terme « homme-singe » pour désigner la forme intermédiaire, la forme mixte et ambiguë par laquelle aurait dû passer une bête quelconque pour se transformer en homme. Si le transformisme est vrai, il y a eu un moment où l'homme n'existant pas encore, une bête, un singe peut-être, était en train de devenir un homme : ce n'était plus une bête, car c'était plus qu'une bête : ce n'était pas encore l'homme, car c'était moins qu'un homme. Qu'était-ce donc ? Mais c'était l'homme-singe.

Eh bien ! la question se pose d'elle-même ici : Y a-t-il, pour l'homme-singe, quelque place dans le catéchisme, quelque place dans le *credo* catholique ? L'homme-singe peut-il être orthodoxe ?

M. Perrier tient pour l'affirmative, semble-t-il, car il s'indigne de ce que l'on fait à l'homme-singe l'injure de le tenir pour un hérétique. A Reims, en effet, M. Perrier disait : « Et cependant, Mesdames et Messieurs on a craint qu'une doctrine (le transformisme darwiniste), qui représentait l'homme triomphant par ses propres forces, dans cette lutte

pour la vie dont la bruyante clameur assiège
son oreille, on a craint que cette doctrine ne
fût une atteinte à Dieu ! »

On l'a craint justement, et même, après cette

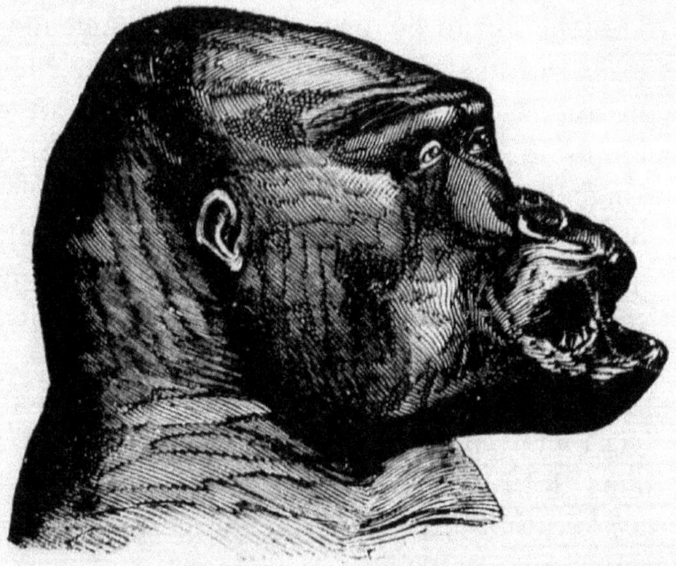

Tête de gorille. — Les paléontologistes, n'ayant encore
découvert aucune partie du corps du prétendu homme-
singe, nous avons dû nous contenter de reproduire les
traits de ses parents présumés les plus proches.

protestation non motivée, on le craint encore.
Sans aucun doute, M. Perrier n'en veut pas à
Dieu : il prétend être transformiste, darwiniste
et conserver Dieu. Certainement c'est facile

à dire, mais est-ce aussi facile à tenir ? Notre savant fait à l'homme, et aux bêtes aussi, la part très-belle : l'homme et les bêtes ont triomphé par leurs propres forces : c'est magnifique. Mais la part de Dieu, la part du Tout-Puissant dans la formation de ce monde, n'est elle pas un peu maigre, trop maigre même, si maigre qu'elle ne peut vraiment suffire ? Ne fait-on pas trop, de Dieu, comme le président irresponsable, impuissant, désoccupé, d'une république constitutionnelle, un président qui n'aurait pas même la signature aux actes publics ? Je n'oserais le nier.

M. Perrier disait un jour dans sa chaire du Muséum : « Nulle part on n'aperçoit dans le monde inorganique (ou organique), l'action d'une force extérieure à ce monde. C'est dans ce sens qu'il faut entendre ce mot fameux si souvent reproché à un astronome illustre (Laplace) : Dieu est une hypothèse dont la science n'a que faire. Le physicien ne peut, en effet, concevoir la Divinité que comme présidant de toute éternité à l'existence de la matière et du mouvement, dont elle est la cause première, et au fonctionnement de leurs lois immuables. »

A Reims, M. Perrier complétait ainsi sa pensée sur le rôle de Dieu dans le monde:

« L'harmonie qui existe entre l'animal et le milieu dans lequel il vit est souvent saisissante : elle semble au premier abord ne pouvoir résulter que des profonds calculs d'une intelligence infinie, ayant donné à chaque organisme tout ce qui peut assurer sa subsistance dans ces conditions données. Loin de nous la pensée qu'une telle intelligence ait présidé au développement des êtres vivants ; mais là, comme dans le monde inorganique, elle a confié la réalisation des phénomènes aux actions réciproques des éléments en présence, actions régies elles-mêmes par des lois immuables. »

Et voilà le Dieu que vous nous laissez ? Un Dieu qui n'a point fait l'ordre et l'harmonie de ce monde ? Un Dieu sans lequel l'œil, l'oreille ont été si habilement construits ? Un Dieu sans lequel l'hirondelle s'est trouvée pourvue de son instinct, l'abeille de son industrieuse activité et l'homme de son intelligence ! Non, votre science, à vous, n'est point athée, puisque vous laissez encore Dieu dans le monde. Mais quelle place lui donnez-vous ? Comment traitez-vous le Souverain Seigneur de toutes choses, le maître de la mort et de la vie ? N'en faites-vous point un ouvrier de rencontre, dont on se sert pour un coup de main, et que l'on congédie ensuite comme inutile ? Vous demandez, en effet, à Dieu de vous donner quelques éléments inorganiques, la terre, l'eau ; peut-être allez-vous jusqu'à lui faire construire quelques cellules vivantes très-simples, quelques monères ; puis vous lui dites : Retirez-vous maintenant, nous n'avons plus besoin de vos services, tout marchera sans vous ; votre présence ne pourrait que nuire ; le mécanisme de nos ingénieux systèmes suffit pour mettre l'ordre et l'harmonie dans le monde des astres, comme dans le monde des êtres vivants sur ce globe. Pour tout cela, vous êtes une hypothèse dont la science n'a que faire.

Mais ce Dieu, que vous voulez bien nous laisser, est-ce le Dieu dont nous parle notre catéchisme ? Est-ce la bonne et douce, la sage et puissante Providence, le Dieu fort et aimant qui gouverne effectivement le monde, compte et protège jusqu'aux cheveux de notre tête ? Ce Dieu, auquel le Sauveur du monde nous a enseigné à présenter nos demandes en lui disant : Notre Père, donnez-nous notre pain ?... Avec leurs lois immuables, leurs actions réciproques, avec leurs rouages, leurs engrenages d'évolution, de transmutation,

voilà à quoi arrivent nos savants : ils amoin-
drissent, ils avilissent la Divinité et nous font
un ciel d'airain.

Si le transformisme, encore ami des idées
religieuses, nous mène droit à la négation de la
Providence divine, est-il étonnant que le transformisme indépendant, libre-penseur, le vrai
transformisme celui-là, se déclare hautement
athée et se pose en adversaire irréconciliable
de nos Livres saints et de nos dogmes révélés ?
Quand M. Perrier déclarait que le transformisme ne porte point atteinte à Dieu, il n'avait
donc rien lu, rien entendu ?

Voici Mlle Clémence Royer. Mlle Royer a
traduit l'ouvrage de Darwin sur l'origine des
espèces ; elle a trouvé en tête du livre anglais
ces mots de l'auteur : « Je ne vois aucune raison
pour que les vues exposées dans cet ouvrage
blessent les sentiments religieux de qui que ce
soit. » Et Mlle Royer commente ainsi cette protestation : « La doctrine de Darwin est essentiellement hétérodoxe et inconciliable, non-
seulement avec les textes de l'Ancien Testament,
mais encore avec les dogmes qu'on a voulu
déduire du Testament grec. Il proteste (Darwin)
en vain que son système n'est en aucune façon
contraire à l'idée divine : sa théorie est fon-

cièrement et irrémédiablement hérétique. »

Et M. Sarcey, l'ennemi connu de nos dogmes, parlant pour la légion entière avec laquelle il fait la guerre à Jésus-Christ dit : « Darwin a renouvelé la Science ; il a imposé son nom à une théorie qui a changé les croyances de l'humanité ; il a ébranlé la foi en un vieux recueil de légendes juives, fort respectable sans doute, mais qui, en fait de science, a toute l'autorité des contes de ma mère l'oie (1). »

S'il faut des hommes en renom de Science, citons d'abord Strauss qui nous dit : « Aux questions du catéchisme sur l'origine des choses, le savant n'avait pu longtemps faire aucune réponse. Enfin Darwin est apparu, et, grâce à lui, ce qui n'avait été jusque-là qu'un paradoxe scientifique, est devenu un système fécond et nous a permis d'embrasser d'un regard la constitution de l'univers. Darwin a montré cette force, ce procédé de la nature qui remplit les fonctions que l'on avait attribuées au miracle :

(1) *XIXe Siècle*, 15 juin 1876.
— Oies pour oies, à M. Sarcey ; voici un mot de Shelling : « Quand on voit les doctrines (darwinistes ou autres) contre lesquelles beaucoup d'hommes ont échangé les trésors de vérités cachées dans le Christ, on se rappelle involontairement ce roi dont Sancho-Pança raconte qu'il avait vendu son royaume pour acheter un troupeau d'oies ! »

il a ouvert la porte par laquelle la postérité,
plus heureuse que nous, chassera le miracle.
Tous ceux qui connaissent les conséquences
qu'entraîne le miracle, rangeront l'homme qui
nous en délivre parmi les plus insignes bien-
faiteurs de l'humanité. »

Broca lui aussi s'étonne que l'on prétende
être à la fois transformiste et chrétien. Voici
ses paroles : « M. Dally a habilement invoqué
l'exemple de plusieurs savants qui professent à
la fois le christianisme et le transformisme. Je
ne sais s'il a eu l'intention de les en louer, mais
je serais surpris que la conciliation de ces deux
doctrines lui parût possible et logique. L'une
(le christianisme) place tous les phénomènes,
actuels ou passés, sous la volonté toute-puis-
sante d'un Dieu personnel, d'un Dieu vivant,
qui a tout créé, tout organisé, qui surveille
tout, qui fait tout, qui a établi des lois, mais
qui peut les suspendre, qui maîtrise la nature
et qui dispense à son gré, parmi les individus,
comme parmi les espèces, la force et la faiblesse,
la mort et la vie. Le transformisme au contraire
se rattache à la doctrine générale des savants et
des philosophes (de ces savants et de ces philosophes) qui, ne voyant dans l'univers que des
lois éternelles et immuables, nient l'intervention,

même exceptionnelle, de toute action surnaturelle. Montrer que l'évolution des formes organiques, l'apparition des espèces, leur extension, leur extinction, leur succession, leur répartition, sont des phénomènes ordinaires, c'est-à-dire nécessaires et régis par des lois qui ne laissent aucune place à un pouvoir supérieur, tel est le but, ou, du moins, la conséquence de cette hypothèse. » Et Broca conclut en disant que si cette hypothèse, « par sa hardiesse, étonne ou indigne les croyants, elle attire par là même aisément à elle les esprits impatients de se soustraire au joug des dogmes. »

Ce n'est donc que trop vrai ; le transformisme apparaît comme une machine de guerre montée contre Dieu, dont on ne veut plus, et contre la religion, dont les prescriptions sont gênantes. Si l'homme est fils du singe, irez-vous l'astreindre à l'abstinence du vendredi ? Broca a dit le mot juste : « Ces deux doctrines, le transformisme et le christianisme, sont incompatibles ; leur conciliation n'est ni possible, ni logique. »

Je sais bien que l'on a des craintes, je parle de bons esprits qui redoutent de s'engager dans une impasse. « Si jamais, dit-on, le transformisme était démontré vrai ! Si un jour il devenait avéré que l'homme descend des bêtes par transformation, ne faudrait-il pas alors concilier ce fait reconnu avec les dogmes de la religion ? Dieu, d'ailleurs, n'est-il pas le Tout-Puissant qui peut tout faire ? Au lieu d'anéantir des espèces et d'en créer d'autres, ne pouvait-il pas faire les nouvelles espèces au moyen des anciennes ? Ne pouvait-il pas ordonner que les espèces sortiraient les unes des autres par des transmutations, des transformations successives, voulues et dirigées par sa souveraine sagesse ? »

M. Perrier insiste sur cette toute-puissance de Dieu. Mais il y a une réponse bien simple à faire à toute cette argumentation. Nous accordons que Dieu peut tout ; mais nous nions que Dieu ait épuisé sa toute-puissance dans la création, qu'il ait fait tout ce qu'il pouvait faire. La vérité, c'est que Dieu a fait ce qu'il a voulu : *Quæcumque voluit fecit.* Nous devons donc chercher, non pas ce que Dieu a pu faire, mais ce que Dieu s'est résolu à faire par un acte de sa libre volonté. Dieu pouvait faire naître les espèces nouvelles des espèces anciennes par voie de transformation, sans aucun doute ; mais est-ce ainsi que les choses se sont

passées ? Dieu l'a-t-il voulu ? Quel est le
fait ?

Pour ne point nous écarter de notre sujet,
parlons spécialement de l'homme. L'homme
est composé d'un corps et d'une âme. D'où
vient l'âme ? D'où vient le corps ?

L'âme d'abord. M. Perrier n'en semble pas
douter, l'âme humaine a pu être aussi le résultat
de la transmutation de l'âme des bêtes.
« Pourquoi donc, dit-il, contesterions-nous à
l'auteur de toutes choses le droit d'avoir chargé
une longue série de formes vivantes d'élaborer
ce sublime ouvrage de sa puissance, qui
s'appelle l'àme humaine ? »

Pourquoi je conteste cette élaboration de
l'âme humaine ? Mais parce que cette élaboration de l'âme est chose impossible.

L'âme humaine est simple, et non composée
de pièces et de morceaux ; donc elle doit être
créée telle qu'elle est. L'âme humaine, ce n'est
point l'âme d'une bête augmentée de ceci ou de
cela, transformée en ceci ou en cela : c'est un
être spirituel, doué d'intelligence et de volonté,
qui, une fois appelé à l'existence, ne cessera
plus d'exister à cause de sa nature même et
des conditions morales dans lesquelles il est
placé par le fait de sa création. Si la bête

meurt, tout meurt ; si l'homme meurt, tout ne
meurt pas ; cherchez donc des procédés possibles pour transmuter en un être immortel
ce quelque chose de caduc, de périssable, par
lequel la bête vit un temps et qui disparaît
avec la bête. La longue série de formes
vivantes, et bestiales bien entendu, qui aurait
travaillé à élaborer l'âme, ne rend point la chose
plus possible. L'âme humaine n'est point
venue par cette filière ; elle a été créée, comme
chaque âme humaine, qui arrive aujourd'hui à
l'existence, est encore une création directe et
immédiate de Dieu.

Mais ne pourrait-on point dire, du moins,
que le corps de l'homme est le produit de
longues transformations ? Peu à peu, dans la
suite des temps et par évolution, le corps de la
bête serait arrivé à être un corps comme le
nôtre, et, quand l'élaboration aurait été assez
complète, au moment voulu par le Créateur,
une âme d'homme aurait été logée dans un corps
venu de la bête. Ainsi tout serait concilié : le
transformisme a ce qu'il demande, les transmutations et les évolutions des organismes
vivants ; et nous, nous ne sacrifions rien de la
dignité humaine.

Et cette concession, nous en saura-t-on gré

dans le camp des adversaires de nos dogmes?
On dira que cette histoire de la création de
l'homme rappelle beaucoup celle du couteau
de Jeannot, lequel devint un fort bel instrument
lorsqu'on eut, à plusieurs reprises, changé
alternativement et le manche et la lame.

Ensuite, ne savons-nous rien sur notre
origine? Nous avons des livres très dignes de
foi ; ces livres nous racontent la création du
premier homme; ils nous disent comment fut
construit le corps du premier représentant de
notre espèce ; comment ce corps fut rendu
vivant par l'adjonction d'une âme créée exprès ;
comment la première femme fut tirée du
premier homme. Dans ce récit simple et clair,
nous n'apercevons aucune trace de l'élaboration
du corps de l'homme à travers la série des
formes animales. Encore si quelque donnée
scientifique certaine nous forçait de prendre
dans un sens moins littéral le récit de la Bible ;
mais il n'en est rien; le transformisme n'est
qu'une hypothèse, et le darwinisme une
simple conjecture, comme Broca nous le dira
bientôt.

Et ce n'est pas tout. Quand nous accor-
derions que l'homme, âme et corps, peut être
le produit d'une sorte d'élaboration, d'une

transformation de quelque animal, serions-nous
au bout des difficultés ? Pas encore, car il ne
nous suffit pas simplement d'avoir l'homme,
mais il nous faut avoir le premier homme, tel
que le demandent les dogmes chrétiens.

Vous faites apparaître l'homme par transmutation lente d'un animal en un autre : c'est
le singe peut-être qui, se perfectionnant peu à
peu, devient l'anthropopithèque, et l'anthropopithèque, montant encore, en arrive par
degrés à être l'homme. La métamorphose s'accomplit si insensiblement que, dans la série
généalogique de ces êtres, vous ne pourrez
indiquer clairement où finit la bête et où commence l'homme. Et quel homme sera ce premier
de la race humaine ! A peine saura-t-il tenir à la
main, en guise d'outil, un grossier silex ; il ne
connaîtra point le feu ; il déchirera sa proie à
belles dents ; point de morale, point de con-
science ; il sera inférieur à ce que nous connaissons de plus dégradé dans notre espèce.
Et voilà le premier homme, l'Adam que nous
livre le transformisme !

Pour nous, chrétiens, il nous faut un autre
premier homme que celui-là ; il nous faut le
véritable Adam ; il nous faut le premier représentant de notre humanité, notre premier père,

apparaissant comme roi de la création dans la pleine possession de ses forces physiques et surtout des facultés de son âme : de son intelligence, pour comprendre toute l'étendue de ses devoirs et la valeur, la gravité de ses actes ; de sa volonté, pour pouvoir choisir, produire des actes méritoires, dignes de récompense ou de châtiment ; capable, en un mot, d'entrer en contrat avec Dieu, et de stipuler pour lui-même et pour tous ses descendants.

Et ce n'est pas encore tout : à ces qualités naturelles, se montrant chez le premier homme dans toute la splendeur de leur épanouissement, vous réunirez les dons gratuits que Dieu y avait ajoutés : la sainteté, la justice originelle et, pour le corps lui même, l'exemption de la maladie et de la mort (1). Voilà le premier homme qu'il nous faut. Si vous en retranchez quelque chose, vous n'aurez plus notre Adam ; vous n'aurez plus à l'origine de l'humanité la chute funeste, dont tous les peuples ont conservé le

(1) Conc. Trid. Sess. 5, Can. 1 : Si quis non confitetur primum hominem Adam, quum mandatum Dei in paradiso fuisset transgressus, statim sanctitatem et justitiam in qua constitutus fuerat, amisisse... anathema sit.

Le Catéchisme romain : « Enfin Dieu forma le corps de l'homme du limon de la terre, de telle sorte que ce corps fut, non point par sa nature, mais par un don spécial de

souvenir ; par conséquent, vous supprimez aussi le Rédempteur des hommes, et c'en est fait du christianisme.

M. Perrier disait : Ne craignez rien ; le transformisme n'est hostile ni à Dieu ni à la religion. — Broca, de son côté, affirmait qu'entre le christianisme et le transformisme la conciliation est impossible. Broca a raison : L'homme-singe ne peut être orthodoxe, puisque, de l'aveu même de ses chauds partisans, ce n'est qu'une machine de guerre dressée contre Dieu.

Dieu, exempt de la mort et de toute souffrance. Quant à l'âme il la créa à son image et ressemblance et lui donna le libre arbitre. En outre il ordonna le mouvement du cœur et ses désirs de manière à les soumettre à l'empire de la raison. A tous ces avantages, il ajouta un présent plus admirable encore, celui de la justice originelle, et l'homme, ainsi comblé de ses bienfaits, fut établi par lui maître de la création. »

CHAPITRE IV

La science positive et l'homme-singe. — Les deux éléments
nécessaires de la preuve par les faits. — Le fait avéré de
l'apparition et de l'extinction successives des espèces
organiques durant les temps géologiques. — Conclure de
ce fait à la transformation des espèces, sophisme. — Il y
a surnaturel et surnaturel. — L'enchaînement sériaire
des êtres fondés sur les similitudes organiques n'est pas
une preuve péremptoire de l'enchaînement généalogique
ou de la filiation de ces êtres. — Si l'oiseau a pour aïeul
le lézard ? — La paléontologie n'a pas encore livré les
formes intermédiaires et graduées reliant la bête à
l'homme. — Les anthropopithèques et les silex de Thenay.

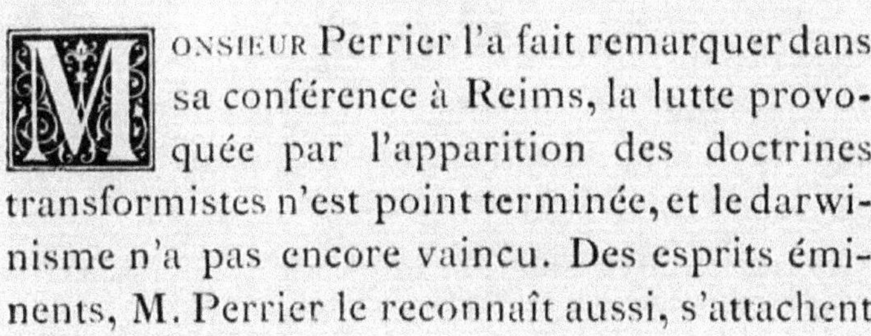

ONSIEUR Perrier l'a fait remarquer dans
sa conférence à Reims, la lutte provo-
quée par l'apparition des doctrines
transformistes n'est point terminée, et le darwinisme n'a pas encore vaincu. Des esprits émi-
nents, M. Perrier le reconnaît aussi, s'attachent

encore à rechercher dans la nature les preuves
d'une immobilité, longtemps incontestée, des
types organiques : des cœurs généreux redoutent, et avec raison, de voir ébranlés par la
doctrine nouvelle des dogmes sacrés et des
institutions consolantes pour l'humanité. Sans
doute, le plus grand nombre des naturalistes
se laisse entraîner, comme par un courant
irrésistible, vers l'idée d'une évolution incessante et continue du monde vivant. Mais
en histoire naturelle, pas plus qu'en toute
autre science, ce n'est point à la pluralité
des voix et par le scrutin qu'il faut décider
de la vérité : une bonne raison vaut mieux que
dix et cent suffrages. D'ailleurs, M. Perrier est
de cet avis : « Il m'a semblé, dit-il, que les
chances de convaincre sont à ceux qui demeurent
sur ce terrain de la science positive, où tous
les drapeaux savent s'incliner devant celui de
la raison sincère, loyale et ferme, mais toujours
conciliante. »

Entrons donc sur le terrain de la science
positive, sur le terrain des faits, après avoir
toutefois présenté une observation préliminaire
dont l'importance est fort grande en toute
discussion de ce genre.

Toute preuve par les faits, ou pour parler

comme **M.** Perrier, toute preuve par la science positive peut se réduire à deux éléments : le premier de ces éléments est pour ainsi dire la partie matérielle de la preuve, et comprend les faits eux-mêmes, les faits bien avérés, bien constatés, authentiques ; l'autre élément de la preuve en est la partie rationnelle et la plus importante ; il consiste dans le lien logique, raisonnable, dirai-je, qui unit la partie matérielle à la conséquence qu'on en prétend tirer, et cette conséquence n'est elle-même que la proposition à démontrer ou l'hypothèse à établir.

Il n'est point si rare qu'on pourrait peut-être le penser de rencontrer, dans les écrits de nos savants, des preuves, de prétendus arguments scientifiques, dont la partie matérielle est vraie, mais dans lesquels la partie rationnelle, le lien logique des faits avec la conséquence, manque entièrement. Donnons un exemple qui intéresse l'homme-singe. **M. G.** de Mortillet veut nous prouver que *l'Anthropopithecus Bourgeoisii* était sensiblement plus petit que l'homme, et voici son raisonnement. De l'Anthropopithecus Bourgeoisii, il ne reste, à la vérité, pas un ossement que nous puissions mesurer ; mais c'est à lui, à son industrie, que sont attribués les silex taillés de Thenay. Or, ces silex taillés de Thenay sont de petite dimension; donc — vous voyez venir la conséquence — l'anthropopithèque qui a préparé ces grossiers outils était sensiblement plus petit que l'homme. Comme si un géant ne pouvait point tailler de petits silex ! Malgré soi, on ne peut s'empêcher de penser au problème connu, dans lequel, étant données la hauteur du grand mât et la longueur du navire, on demande l'âge du capitaine !

Dans ce cas, comme dans d'autres que nous rencontrerons bientôt, la raison a beau désirer être conciliante, avant tout il faut qu'elle reste la raison, avant tout il faut qu'elle soit sincère, loyale et ferme ; il faut qu'elle prononce que l'argument ne vaut rien, que la preuve proposée n'est pas une preuve, que la conclusion n'est pas démontrée, et que le système, l'hypothèse reste sans appui.

Appliquons cet enseignement de la logique aux arguments que M. Perrier propose pour établir la vérité de l'homme-singe. Broca se chargera de nous dévoiler en chacun d'eux un vrai sophisme.

M. Perrier commence par invoquer en faveur de sa these les faits paléontologiques.

L'argument se présente sous cette forme d'une fort belle apparence. Durant la série des périodes géologiques, la faune et la flore terrestres, aussi bien que la faune et la flore marines, ont changé du tout au tout : à la surface du sol et dans les mers, les formes vivantes ont été renouvelées à plusieurs reprises ; des types nombreux d'animaux et de végétaux ont été alternativement remplacés par d'autres types, toujours de plus en plus voisins de ceux qui vivent sous nos yeux. Donnons un tableau abrégé, mais saisissant, de cette succession d'espèces organiques si diverses.

Nous sommes à l'époque silurienne, l'une des plus anciennes auxquelles la géologie soit remontée : de grands crustacés, des trilobites, peuplent les mers qu'habitent aussi des poissons aux corps puissamment cuirassés. Ce sont là les formes vivantes les plus élevées à cette époque silurienne. Avec la période secondaire, les reptiles deviennent prédominants : de gigantesques batraciens, des labyrinthodons vivent sur les plages des mers du trias en compagnie de grands crocodiles, les notosaures. Plus tard, pendant la période jurassique, vont apparaître déjà sur la terre ferme quelques rares mammifères de l'ordre des marsupiaux ; mais l'empire

des mers appartient à d'énormes reptiles, le
plésiosaure et l'ichthyosaure. A terre même,
et jusqu'à la fin de la période crétacée, les reptiles atteignent un développement colossal : le
téléosaure et l'hylœosaure sont les derniers
représentants de ces monstres, dont les crocodiles actuels ont encore conservé quelques
traits.

Avec la période tertiaire s'épanouissent les
mammifères : les campagnes éocènes sont peu-
plées de paléothériums, d'anoplothériums, de
xiphodons. Durant la période miocène, se
montrent des éléphants étranges, le dinothé-
rium, le mastodonte que l'on retrouve en
Amérique jusque dans la période quaternaire,
en compagnie du mégathérium, du mylodon,
du glyptodon cuirassé comme une tortue.

Ainsi toute la nature vivante a changé : elle
s'est complètement modifiée, et, quand on vient
à rechercher comment se sont produites ces
transformations, on reconnaît qu'elles n'ont
pas eu lieu brusquement, mais qu'elles se sont
établies lentement, les espèces disparaissant
une à une et étant remplacées une à une. D'où
se tire cette conclusion que ce double phénomène a dû se manifester dans les conditions
ordinaires de la nature, au milieu du calme le

plus complet, et doit être le résultat de quelque
cause constamment agissante.

Maintenant, quelle est cette cause, la cause
toujours active qui détruit et crée les espèces ?
Nous sommes amenés à la rechercher autour
de nous. La période actuelle ne diffère en rien,
au point de vue physique, de celles qui l'ont
précédée; elle ne doit pas en différer non plus,
nous dit-t-on, au point de vue de l'évolution de
la vie. Que nous enseigne la nature actuelle ?
Elle nous montre les causes de destruction des
êtres, des causes qui, nous le savons, n'ont rien
de surnaturel, mais sont purement naturelles;
donc, nous affirme-t-on, les causes de l'apparition des espèces nouvelles ont dû aussi être
purement naturelles. Nous ne connaissons de
nos jours aucun être vivant qui ne provienne
de parents plus ou moins semblables à lui;
donc, s'il se forme dans le monde de nouvelles
espèces, elles ne peuvent provenir, nous assure-
t-on, que d'une transformation d'espèces déjà
existantes.

Voilà l'argument paléontologique que l'on
donne pour la base la plus solide de la théorie
de l'homme-singe. Cet argument est spécieux,
d'une belle apparence scientifique, et cependant
cet argument si brillant ne prouve rien. — Il

ne prouve rien ? — Non ; c'est un sophisme. —
Il n'est donc pas vrai que, sur le globe, pendant
les temps géologiques, des espèces variées et
de plus en plus complexes ou parfaites se soient
succédé les unes aux autres ? — Le fait de la
succession des types ou espèces organiques est
parfaitement vrai, authentique. — Mais alors
où est le vice de l'argument ? — Le voici : entre
le fait matériel de la succession des espèces
organiques dans le temps et la conclusion à
leur transformation les unes dans les autres,
il n'y a pas de lien logique, il n'y a pas le trait
d'union nécessaire exigé par la raison.

Écoutons Broca : « Ces faits paléontologiques n'établissent en faveur de l'idée de descendance directe ou de parenté collatérale
qu'une présomption et non une preuve. Ils
prouvent seulement le développement sériaire
des caractères, sans qu'on puisse dire si les
espèces de chaque groupe ont dû leur origine
à une seule évolution, ou à plusieurs évolutions parallèles, mais distinctes et indépen-
dantes, ou à toute autre cause inconnue. La
succession chronologique des termes peut fournir à la doctrine transformiste un argument
très sérieux ; mais cet argument n'est pas péremptoire, ne constitue pas une démonstration. »

Ici, certainement, la logique et la raison sont avec Broca ; la succession des espèces pendant les temps paléontologiques n'est pas une preuve péremptoire que les espèces nouvelles ne sont que de simples transformations des anciennes : le lien rationnel manque à cette preuve. La succession serait la même dans le cas où les espèces auraient reçu l'existence par création, et non par transformation. Les reptiles ont succédé aux trilobites, les marsupiaux aux reptiles, les paléothériums aux marsupiaux. C'est vrai ; mais vous voulez en conclure que les trilobites sont les ancêtres réels des reptiles, les reptiles les aïeux des marsupiaux, les marsupiaux les grands-parents des paléothériums? La raison vous arrête et vous dit: Votre déduction n'est point légitime. Ces animaux se sont succédé, je vous le concède ; mais qu'ils soient issus les uns des autres, il vous reste à le prouver.

Que dirait-on d'un historien qui n'hésiterait point à faire descendre généalogiquement les uns des autres tous ceux qu'il verrait se succéder dans les charges publiques d'un état ? La conséquence que vous tirez pêche par défaut de logique, lui dirait-on. Ainsi faisons-nous quand on veut nous prouver la transformation des espèces, en s'appuyant sur le fait de leur succession chronologique.

Tel est le premier défaut que l'on peut relever dans l'argument paléontologique en faveur de l'homme-singe. Je sais que l'on a fait effort pour corriger ce défaut, et nous verrons bientôt que le moyen employé est tout à fait insuffisant. Mais avant de passer outre, relevons encore dans cet argument paléontologique, qui est la pièce de résistance du transformisme, un double vice rédhibitoire.

D'abord il n'est que trop facile d'y découvrir ce que les logiciens appellent *une pétition de principe* et *un cercle vicieux*. La pétition de principe consiste à prendre pour moyen de solution ce qui est en question ; le cercle vicieux a lieu quand on prouve deux propositions l'une par l'autre.

Quand il s'agit de l'homme-singe, de savoir si, oui ou non, cet être bizarre a existé, la question générale à résoudre est celle-ci : les espèces animales et végétales ont-elles chacune été créées directement par Dieu, ou bien ont-elles été formées les unes des autres par voie d'évolution, de transformation ?

Les darwinistes, les transformistes, tiennent pour la formation des espèces par voie d'évolution, et éliminent simplement la première solution. Il faut entendre M. Perrier. Voici son raisonnement : La cause active, qui produit maintenant et a produit autrefois les espèces, n'est point autre que la même cause active qui autrefois a détruit et aujourd'hui encore détruit les êtres. Or, nous savons que cette cause n'a rien de surnaturel, c'est-à-dire que Dieu n'y intervient en rien par son action immédiate et directe. Vous voyez donc que cette cause active ne peut être que le transformisme, dont nous avons la preuve dans l'étonnante succession des types vivants si divers pendant les temps géologiques.

En deux mots, par décision préalable, on déclare que Dieu n'est pour rien dans la formation des espèces, et après cela le raisonnement va seul. Pourquoi êtes-vous transformiste ? — Je suis transformiste parce que la succession des types organiques, si variés pendant les temps géologiques, m'est une preuve sans réplique de l'évolution des êtres. — Pourquoi cette succession de types organiques si variés pendant les temps géologiques ? — C'est que la transformation et l'évolution des êtres est la loi de la nature. Alternativement le même énoncé se trouve mis en thèse et en preuve selon l'occurence, et l'on ne sort pas de ce cercle.

L'autre vice sophistique dont l'argument paléontologique, mis en œuvre pour démontrer la transformation des espèces, est atteint, consiste en ce que le même mot y est pris en deux sens différents, ce qui nous donne un syllogisme à quatre termes dont on ne peut rien tirer, d'après les règles de la saine logique.

Ainsi l'on veut nous prouver que la succession des espèces paléontologiques exclut nécessairement l'intervention directe de Dieu, et doit être attribuée à l'unique action des causes naturelles, et l'on raisonne de cette manière : cette succession des espèces dans les temps paléontologiques a dû se manifester dans les conditions ordinaires de la nature et en dehors de l'influence directe de Dieu ; car les causes qui aujourd'hui créent ou détruisent les espèces n'ont rien de surnaturel, sont en tout simplement naturelles ; et ce furent ces mêmes causes qui, de tout temps, exercèrent leur action. Exclure le surnaturel c'est, dans la pensée de M. Perrier, nécessairement exclure Dieu. Le malheur est que dans cet argument l'on joue sur le mot *surnaturel* ; on prend ce mot ici dans une acception, là dans une autre ; il est facile de le montrer.

Ouvrez un dictionnaire de la langue française vous y trouverez d'abord que le mot *surnaturel* signifie ce qui est au-dessus des forces de la nature; mais vous y trouverez aussi que le mot *surnaturel* s'emploie encore pour exprimer tout ce qui est extraordinaire, singulier, c'est-à-dire en dehors du cours ordinaire de la nature. Il ne faudrait pas croire que ces deux définitions rentrent l'une dans l'autre, et que le terme surnaturel signifie partout à la fois et *au-dessus des forces de la nature*, et *en dehors du cours ordinaire de la nature des choses.* Le surnaturel qui est au-dessus des forces de la nature peut parfaitement appartenir au cours ordinaire de la nature, en prenant ces mots dans leur sens propre.

Voici un exemple. Tous les jours de nouveaux hommes arrivent à l'existence : personne ne niera que ces naissances quotidiennes n'appartiennent au cours ordinaire de la nature; il n'y a en ce fait rien d'extraordinaire. Cependant à l'origine de chacune de ces existences il y a du surnaturel, une intervention directe de Dieu. Quand un homme commence à vivre, il ne lui suffit pas d'un corps, il lui faut une âme, une âme humaine, désormais destinée à toujours exister, à survivre au corps auquel elle donnera la vie pendant un certain temps. Cette âme, qui l'appelle à l'existence? Nous ne recevons pas notre âme de nos parents; nous ne la recevons pas de la terre; c'est Dieu qui nous donne notre âme, c'est Dieu qui crée cette âme de chaque homme, et cette âme créée de Dieu, unie au corps que nous recevons de nos parents, forme l'individu humain qui commence sa carrière. Cet acte par lequel Dieu crée l'âme de chaque homme arrivant en ce monde est certainement surnaturel; il surpasse assurément les forces de la nature; et cependant, quoique parfaitement, et en un sens très vrai, surnaturel, il n'en appartient pas moins à l'ordre naturel, au cours ordinaire de la nature.

Le surnaturel, que l'on explique par le mot extraordinaire, singulier, est un fait qui n'est pas conforme à l'ordre naturel, qui sort du cours ordinaire de la nature, qui contraste vivement avec ce cours ordinaire des choses: c'est ce que nous appelons le miracle.

Maintenant reprenons l'argument par lequel on veut me persuader que toutes les espèces ont été produites par transformation durant les périodes géologiques. On me dit : Dans les temps géologiques, tout se passa dans les conditions ordinaires de la nature : mais les conditions ordinaires de la nature excluent le surnaturel, par conséquent excluent aussi l'intervention directe de Dieu et la création immédiate des espèces. Ainsi posé et résumé, l'argument n'a aucune force : car le cours de la nature n'exclut que le surnaturel, dans un sens, c'est-à-dire l'extraordinaire ; mais se concilie fort bien avec le surnaturel dans un autre sens, c'est-à-dire, ce qui est au-dessus des simples forces de la nature.

Dieu dans son infinie sagesse, a établi le cours ordinaire des choses : les causes secondes, les êtres créés ont leur sphère d'action : mais Dieu lui-même, selon les lois qu'il a posées et les circonstances qu'il a déterminées, intervient directement pour donner l'existence à des espèces nouvelles, comme il intervient tous les jours, dans le cours ordinaire actuel, pour créer des âmes humaines : vous avez le surnaturel, sans avoir l'extraordinaire ou le miracle, et vous avez du même coup la succession des espèces sans avoir la transmutation des êtres : la nécessité du transformisme pour expliquer les faits paléontologiques ne s'impose donc nullement à nos esprits comme conséquence de vos arguments. La raison sincère, loyale et ferme nous défend d'abaisser notre drapeau : votre preuve n'est point péremptoire, n'est point démonstrative.

Voici quelques lignes de Broca qui nous donneraient une solution fort juste de la question, si nous y changions seulement quelques mots: « Les espèces paléontologiques, » dit Broca, «après une durée extrêmement variable, se sont éteintes peu à peu, et en quelque sorte, une à une; celles qui ont pris leur place, et qui ont continuellement renouvelé la faune et la flore, ont apparu successivement, progressivement, au jour le jour; et si la formation des espèces n'a pas été l'effet des causes naturelles, mais de leur suspension par l'intervention d'un pouvoir surnaturel, il faut admettre que cette intervention a été et est encore incessante, que la période de la création n'a jamais été close, que le miracle (mettez le surnaturel) est en permanence, que la nature est assujettie à une volonté, et non à des lois » (lisez : et à des lois.) Dans ce court paragraphe donnez au mot surnaturel sa première signification, supprimez l'opposition que l'auteur imagine exister entre les lois de la nature et la volonté créatrice, et vous aurez l'exposé d'une théorie, la théorie de la création des espèces et de leur immuta-

bilité, au moins aussi satisfaisante pour l'es
prit que les inventions des transformistes, et
tout aussi efficace pour rendre raison de la succession et de la répartition des espèces pendant
les temps géologiques.

La succession chronologique des espèces
paléontologiques, nous a dit Broca, ne prouve
qu'une chose : c'est qu'à mesure que les siècles
s'écoulaient, la complexité des formes organiques devenait de plus en plus grande, mais,
par elle seule, elle ne permet pas de conclure
à la filiation, à la parenté de ces espèces.

Les transformistes ont compris la vérité de
cette remarque et, pour donner à leur argument la portée qui lui manquait, ils se sont
mis à rechercher les liens de parenté, les in-
dices de filiation entre les êtres qui se sont succédé. Si la méthode qu'ils ont mise en œuvre
ne mène pas à des résultats concluants, elle
est au moins d'un facile emploi. On rapproche
les unes des autres quelques espèces fossiles
qui se suivent dans le temps ; on imagine des
modifications hypothétiques des membres, du
squelette ; on met en jeu certaines combinai-
sons arbitraires d'organes, et l'on arrive à faire
dériver le plus récent animal du plus ancien.
C'est ce qu'on appelle, en langage scientifique,

déterminer l'enchaînement des êtres, établir la généalogie des espèces.

Pour juger de la valeur du procédé, prenons un exemple : Broca nous le fournit.

D'où vient notre cheval? On fait, nous dit Broca, descendre le cheval du paléothérium par l'intermédiaire de l'anchitérium et de l'hipparion. Il est bien vrai, la paléontologie nous l'apprend, que, pour ce qui regarde la succession dans le temps, les quatre genres se succèdent dans l'ordre suivant à partir de la période éocène : paléothérium, anchitérium, hipparion, cheval ou *Equus*. Mais le paléothérium, le premier de la série et le plus ancien est loin d'être un cheval : il faut même opérer en cette bête un certain nombre de changements fort importants pour en faire notre coursier d'aujourd'hui, sans compter les instincts ou le caractère qui serait totalement à renouveler : mais les transformistes ne s'occupent point de ce dernier détail.

Voyons d'abord les modifications à apporter aux membres. Le paléothérium a les membres courts, ramassés, terminés par un pied à trois doigts onglés et inégaux : tout le monde sait que le pied de notre cheval consiste en un doigt unique, un seul sabot. Heureusement l'on a découvert au-dessus du fanon du cheval, couchées parmi les muscles et recouvertes par la peau, deux petites aiguilles osseuses l'une en dedans, l'autre en dehors de la jambe : ce sont, dit-on, les vestiges des deux doigts latéraux qui se sont atrophiés. L'anchitérium, issu du paléotherium, avait encore trois doigts bien formés ; mais chez l'hipparion né de l'anchitérium, les deux doigts latéraux n'étaient plus utiles, ne reposaient plus sur le sol : encore une étape, et il disparaissent dans le cheval pour ne plus laisser que des traces insignifiantes sous la forme d'aiguilles osseuses.

Après les membres, le système dentaire. La mâchoire du paléothérium, pour devenir une mâchoire de cheval, a de chaque côté une dent de trop, la première prémolaire: cette dent se perd à mesure que l'évolution se fait du paléothérium au cheval par l'anchitérium et l'hipparion. Quand le cheval apparaît, la première prémolaire a disparu.

C'est en employant cette méthode facile que l'on arrive à établir la généalogie transformiste du cheval et à faire de notre *Equus* l'arrière-petit fils du paléothérium. Que cet enchaînement soit ingénieux, personne ne le niera : mais aussi on sera assurément de l'avis de

Broca, et l'on dira avec lui, que si, dans tous
ces rapprochements un peu arbitraires, il peut
y avoir une apparence, une certaine présomption de parenté, il n'y a pas certainement une
preuve de filiation, et que l'on ne peut sur des
bases aussi fragiles asseoir solidement la théorie de la transformation des espèces.

Les transformistes ont à faire franchir aux
types organiques des intervalles bien plus
grands que celui qui sépare le paléothérium du
cheval. Par exemple, d'où vient l'oiseau ? D'un
lézard : les oiseaux ne sont que des lézards
transformés, nous dit M. Perrier après Huxley
et autres. Du lézard à l'oiseau, il y a loin :
aussi la transformation ne s'est pas faite en un
seul bond : il a fallu du temps et des intermédiaires.

On nous cite quelques-uns de ces intermédiaires : le *Compsognathus longipes,* le
ptérodactyle, *l'archæopterix lithographica*.
Le compsognathus était un reptile qui marchait
comme le kanguroo : ses pattes de derrière
étaient longues, celles de devant courtes. Le
bassin et le crâne de cet animal présentent des
particularités que l'on retrouve chez les
oiseaux : il n'avait pas de bec, mais de longues
mâchoires garnies de dents fines et serrées.

Inutile de dire que le compsognathus ne volait
pas ; mais de son temps la faculté de voler se
développait chez certains reptiles. Ces reptiles,
il est vrai, ne volaient pas à la façon des
oiseaux, mais comme les chauves souris,
témoin le ptérodactyle. Enfin nous arrivons
à l'archæoptérix. L'archæoptérix avait un
corps de reptile ; ses mâchoires portaient de
longues dents : le corps se terminait par une
longue queue semblable à celle des lézards.
Mais, chose étonnante ! ajoute-t-on, ce lézard
était emplumé : ses membres antérieurs, sa
longue queue portaient de véritables pennes :
une collerette de plumes garnissait son cou.
Quand au reste du corps, était-il nu ou
couvert d'écailles, nous n'avons pas d'indications à cet égard. Il est bon de savoir que les
exemplaires fossiles connus de ce vénérable
reptile-oiseau ne sont pas communs : peut-être
deux, au plus trois, ont été signalés.

Ainsi, conclut M. Perrier, « l'archæoptérix
est encore reptile par la plupart de ses caractères : il est oiseau par son plumage » ; nous
tenons donc la transition entre les reptiles et
les oiseaux. Que de belles et importantes
déductions cependant on voudrait appuyer sur
cette empreinte fossile, qui offre, juxtaposées

aux vestiges du corps d'un saurien, les traces
de quelques plumes d'oiseau! Pourvu encore
que quelque jour notre célèbre archæoptérix
n'aille point rejoindre, au musée des apo-
cryphes, tant d'autres pièces non moins
célèbres.

Mais enfin prenons et compsognathus et
ptérodactyle et archæoptérix pour ce qu'ils
sont, pour ce qu'on les donne. Suis-je donc
forcé d'admettre entre ces animaux un lien
généalogique, une parenté, une filiation? Ai-je
là une preuve sans réplique de la transformation des espèces ? Aucunement : Huxley, un
des historiens les plus accrédités du compsognathus et de l'archæoptérix, va nous le dire
lui-même : il termine ainsi une étude sur ces
deux bêtes :

« Assurément rien de bien illégitime, ou de
bien extravagant, dans l'hypothèse qui veut
que le *phylum* (quelque chose comme le *proto-
avis*) de la classe des *aves* descende des reptiles
dinosauriens, que ceux-ci par une suite de
modifications, comme celles que nous présente en partie le compsognathus, aient donné
naissance, par l'intermédiaire de l'archæoptérix, aux *Ratitæ* (autruches, etc). Mais quant
à la filiation directe, nous n'avons rien de

certain. Seulement ces faits nous permettent de concevoir le mode d'après lequel les oiseaux *ont pu dériver* des reptiles ».

Où Huxley lui-même, un transformiste renommé, n'affirme pas la filiation, pourquoi l'affirmerais-je ? où il ne voit que des conjectures, pourquoi verrais-je des faits authentiques ?

Mais si nulle part, dans la série des espèces paléontologiques, je ne saisis un fait de filiation certaine, de descendance authentique, de succession vraiment généalogique, pas même un seul fait avéré, pourquoi voudriez vous que j'allasse conclure, des faits paléontologiques, à la vérité du transformisme, lorsque le transformisme n'est autre chose que la doctrine qui veut que les espèces soient unies les unes aux autres par la filiation, la descendance génétique, le lien généalogique ? Je reste sur le terrain de la science positive, et sur ce terrain, la raison sincère, loyale et ferme me défend, au nom de ses droits imprescriptibles, d'abaisser mon drapeau devant le transformisme quel qu'il soit, darwiniste ou autre.

Et notre homme-singe se trouve-t-il en meilleures conditions scientifiques que le lézard-oiseau, l'archæoptérix si cher à **M. Perrier** ?

Accordons-le pour un moment : un jour peut-être l'on trouvera dans les couches tertiaires quelques débris d'un être intermédiaire, quant à son organisation anatomique, entre l'homme et la bête. Ce singulier fossile ce sera l'homme-singe : par sa structure osseuse, par ses caractères, il aura sa place marquée au second degré de l'échelle zoologique, au dessous de l'homme et avant les singes anthropomorphes, le gorille par exemple. Aurons-nous cependant alors une raison suffisante de dire : ce fossile, l'homme-singe ; parce que, taxologiquement, il a sa place entre le gorille et l'homme, il est vraiment le fils du gorille et le père de l'homme ? Parce que, dans l'arrangement sériaire, cet homme-singe viendrait entre la bête et l'homme, la logique nous permettrait-elle de conclure à de véritables liens de parenté entre ces êtres et d'affirmer leur descendance généalogique les uns des autres? Mais Broca nous a en a avertis, et Huxley nous l'a répété : l'ordre sériaire, qui résulte entre les êtres de la comparaison de leurs caractères anatomiques ou physiolologiques, n'est point du tout une preuve que ces êtres descendent génétiquement les uns des autres, et sont unis entre eux par les liens de filiation et de

paternité. Si donc un jour quelque paléontologiste venait à mettre la main sur les restes
de l'homme-singe, avant de se permettre de
dire : voici les respectables restes de celui qui
fut le degré intermédiaire par lequel passa la
bête en train de se changer en homme, il
aurait encore à fournir la preuve de la parenté
réelle de cet homme-singe avec la bête d'une
part, et l'homme d'autre part.

Mais nous n'en sommes point encore arrivés
là. De cet homme-singe, de cet être de transition entre la brute et l'homme, nous n'avons
encore rien, pas le moindre reste, pas le
moindre ossement, pas une phalange, pas une
dent. Jusqu'à présent tout ce que l'on a trouvé
dans les strates géologiques, quaternaires,
tertiaires, etc., ou c'est la bête ou c'est
l'homme ; mais rien de mixte, rien d'ambigu,
rien de mal défini qui par un côté soit l'homme
et par un autre côté soit la bête. Entre la bête et
l'homme, dans la série paléontologique, il y a
véritable saut brusque d'un type à l'autre ; de
la bête à l'homme l'on ne va point par une
chaîne continue de formes fossiles graduées et
intermédiaires, réunissant les extrêmes, et
dont l'homme-singe serait un des anneaux.
Voilà le fait paléontologique dans toute sa

vérité réellement positive : toute galerie géologique la mieux pourvue de fossiles en est une preuve convaincante ; dans cette galerie cherchez entre la bête et l'homme, il n'y a rien, point d'être de transition, point d'homme-singe en un mot. S'il y avait là un animal de transition, un homme-singe, combien il serait facile de le reconnaître ! Point ne serait besoin de longues études d'anatomie comparée : la moindre teinture d'histoire naturelle suffirait. Voyez plutôt.

L'échelle zoologique, si vous en retranchez l'homme, se termine ou par des animaux qui ont quatre pieds, ou par des singes qui ont quatre mains. Pour arriver à faire l'homme d'après les idées transformistes, il nous faut partir ou des quadrupèdes ou des singes, à notre choix.

Prenez-vous les quadrupèdes pour ancêtres de l'homme ? Alors d'un animal à quatre pattes, d'un ours par exemple, il faut tirer l'homme qui a deux pieds et deux mains ; les modifications porteront donc sur les membres thoraciques, qui, de pattes, par des modifications lentement graduées, deviendront des mains. Cherchez dans les galeries paléontologiques des êtres chez lesquels les membres antérieurs

SQUELETTE DE L'HOMME ET DES QUATRE GENRES ANTHROPOÏDES

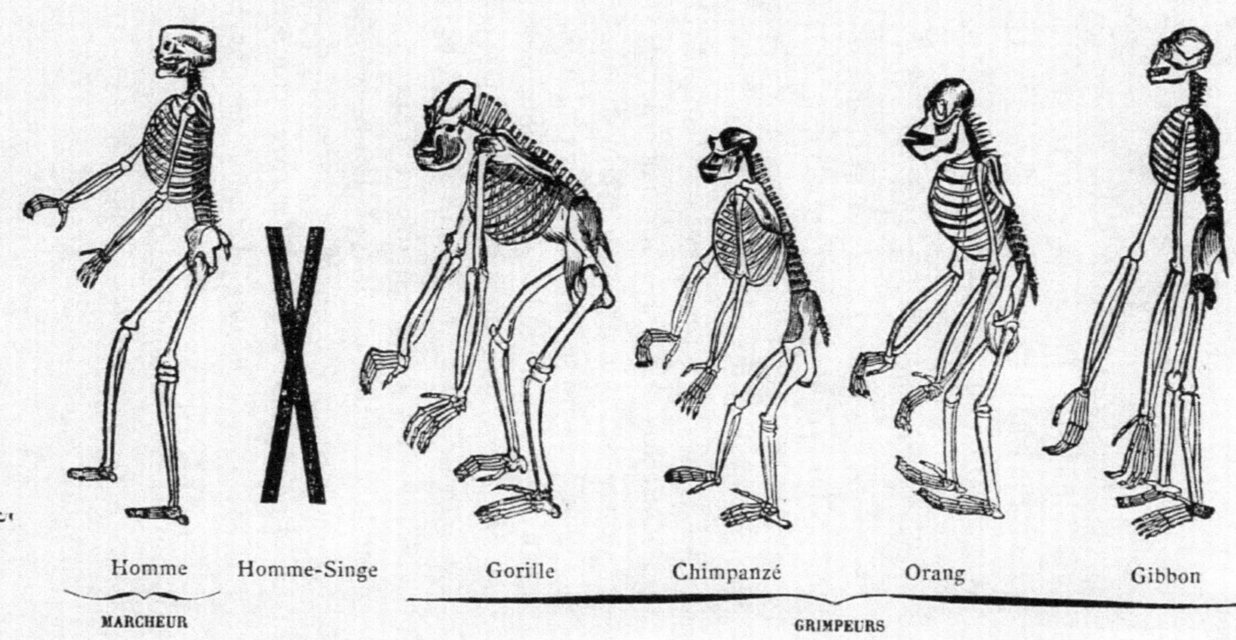

aient les caractères des formes intermédiaires et de transition entre la patte du quadrupède et la main de l'homme : aucun muséum ne vous offrira ces spécimens étranges. Ce n'est donc point sur ce chemin que nous rencontrons l'homme-singe.

Prenons l'autre route qui irait du singe à l'homme. (1) Dans ce cas les modifications ont dû porter sur les membres pelviens ; le singe a quatre mains, et les deux mains de l'arrière-train du singe ont dû se transformer en pieds ; il a fallu faire, d'un grimpeur, un marcheur, un coureur. Mais les formes intermédiaires et de transition entre cette main du singe et le pied de l'homme, où les voit-on ? Qui les a trouvées ? Personne ne les a rencontrées. Dans nos galeries paléontologiques nous passons par saut brusque de la main du singe au pied de l'homme ; point encore là d'homme-singe dont le membre postérieur tienne encore un peu de la main du singe, et annonce déjà par ses linéaments et sa structure commencée le pied de l'homme. L'homme-singe n'est donc nulle part, et ce chaînon par lequel l'homme se relierait généalogiquement aux bêtes nous fait complètement défaut. Si l'on

(1) Voir la figure ci-contre.

s'en tient aux découvertes paléontologiques, l'apparition de l'homme a été soudaine, brusque, sans attache aucune avec les types organisés qui existaient auparavant.

Malgré cet enseignement des faits, de la science positive, l'on s'ingénie de mille manières pour nous persuader que l'homme-singe, la transition entre la bête et l'homme, a dû exister bien réellement, et l'on nous propose dans ce but, divers arguments auxquels il est convenable de donner un mot de réponse.

La vraisemblance de ces transformations, nous dit-on, de ces transmutations d'une patte d'animal en une main humaine, d'une main de singe en un pied d'homme, vous n'en tenez donc nul compte ? « Personne sans doute, ajoute-t-on, ne trouvera invraisemblable qu'une bête, ayant des pattes de devant dans la forme de celles de l'hippopotame, soit devenue un animal qui avait des pattes de cochon ; que celui-ci soit devenu un animal qui avait des pattes de pécari ; que celui-ci soit devenu un animal qui avait des doigts d'*hyæmoschus* ; que celui-ci soit devenu un animal qui avait des doigts de tragule ; que celui-ci soit devenu un animal qui avait des pattes de *steinbock*, que celui-ci soit devenu un animal qui avait des pattes de mouton » (A. Gaudry : *Enchaînements du monde animal*, p. 107). Et alors comment serait-il invraisemblable, quand une patte d'hippopotame a pu devenir une patte de mouton, qu'une patte d'ours ait pu se transformer en une main d'homme, et une main de singe en un pied humain ?

Mais à quoi, je vous le demande, va se réduire la science positive si nous y introduisons des renseignements aussi vagues que le vraisemblable et l'invraisemblable ? D'ailleurs accordons-le, puisqu'on le désire ; soit, il n'est pas invraisemblable que, par degrés, la patte de l'hippopotame soit devenue la patte du mouton. Mais ici du moins vous pouvez montrer ce que vous appelez les transitions : la patte du cochon, la patte du pécari, la patte de l'*hyæmoschus,* la patte du tragule, la patte du *steinbock*. Montrez-nous donc aussi les transitions entre la patte de l'ours et la main de l'homme, entre la main du singe et le pied de l'homme ; trouvez-nous des hommes-singes, un homme-singe de l'une ou de l'autre série : la science l'exige pour qu'elle soit au moins quelque peu positive. Mais cet homme-singe, on ne le produit pas ; on ne l'a rencontré nulle part.

Après la Science du vraisemblable, on va nous donner la Science au futur, la Science pour plus tard, quand nous n'y serons plus. Le fait de la brusque apparition de l'homme sur la terre, le fait de son arrivée soudaine sans aucun trait d'union avec les êtres préalablement existants, constitue une objection tellement grave contre la théorie transformiste que les darwinistes ont dû nécessairement s'en préoccuper, et proposer leurs moyens de solution.

Si l'homme, leur disons-nous, n'est qu'une transformation de l'animal, montrez-nous donc les degrés intermédiaires, montrez-nous les formes de transition, montrez-nous l'homme-singe. Et comme l'homme-singe n'a pas été rencontré : ah ! nous disent les darwinistes, prenez patience ; quelque jour on le découvrira. La paléontologie n'a pas dit son dernier mot : elle nous ménage bien des surprises. D'ailleurs ces formes transitoires, cet homme-singe, que vous voudriez voir, sont peut-être ensevelis sous nos océans actuels ? Ne savons-nous pas que bien des fois, dans les temps géologiques, ce qui était continent est devenu mer, et ce qui était océan a été mis à sec ?

Ainsi patience ! vivons dans l'expectative de quelque révolution géologique, et nourrissons l'espoir de retrouver peut-être les ossements de l'homme-singe quand les mers auront changé de place.

En attendant que cette vérification puisse se faire, pourquoi nous en voudrait-on, si, d'après la science positive d'aujourd'hui, nous nous en tenions à cette conclusion : l'homme-singe est un mythe ; l'homme n'est pas une transformation de l'animal, puisque entre l'homme et l'animal existe une lacune paléontologique qui n'est comblée par aucune forme de transition : l'homme est donc venu tel qu'il est, tout d'une pièce, d'un seul coup ; il n'a point passé comme par un état rudimentaire ; il n'a point eu à se compléter lentement, pendant des générations successives, par l'acquisition de quelque nouvel organe, ou par le développement de quelque faculté dont ses ancêtres ne lui auraient transmis que d'obscurs linéaments.

Si vous niez mes conclusions, dirai-je aux darwinistes, exhibez enfin l'homme-singe, l'homme de transition.

« Mais les silex taillés de l'époque tertiaire, les fameux silex de Thenay, n'en avez-vous donc point entendu parler ? s'écriera M. de Mortillet. N'est-ce point là le travail de mes anthropopithèques ? Nous n'avons plus les os de ces respectables précurseurs de l'homme, c'est vrai ; mais nous avons leurs œuvres, leurs outils, des morceaux de silex ou taillés à la main ou craquelés par le feu. »

Trois silex taillés de Thenay

Eh bien, parlons brièvement de ces fameux silex taillés de Thenay. Les instruments primitifs, connus sous ce nom, sont des éclats de pierre à fusil dont les bords sont plus ou moins tranchants, et paraissent avoir subi d'intelligentes retouches par de légers coups adroitement donnés au moyen d'un autre caillou. Nous n'avons ici à nous occuper ni de l'authenticité, ni du gisement de ces silex. On nous donne ces éclats de pierre pour des œuvres d'art; acceptons-les commes tels.

Ces grossiers outils, qui les a fabriqués? Ou c'est le singe, ou c'est l'homme, ou c'est l'homme-singe : nous n'avons qu'à choisir entre ces trois ouvriers.

Serait-ce le singe qui aurait taillé les silex de Thenay? Quelques savants l'ont laissé entendre et ont même nommé le Dryopithecus comme l'artisan qui en a eu l'idée. Mais le singe n'est qu'une brute : nous pouvons bien lui apprendre à manger à table comme nous, avec cuiller et fourchette; jamais singe cependant, si bien éduqué qu'il ait été, ne s'est avisé d'imiter des outils, comme cuiller et fourchette. C'est qu'un outil, un instrument qui n'est pas fait pour lui-même, mais n'est qu'un moyen d'atteindre un but, de fabriquer autre chose, est excellemment œuvre de raison. Le silex taillé est un outil; il ne peut être que l'ouvrage d'un animal raisonnable, et l'animal raisonnable, le seul, c'est l'homme. Le Dryopithecus n'est donc pas l'auteur des silex taillés de Thenay.

Mais pourquoi ne serait-ce pas l'homme-singe l'ouvrier de ces outils ? M. de Mortillet n'y voit aucune difficulté, et même, au lieu d'un seul homme-singe, notre savant nous en donne jusqu'à trois dont l'existence expliquera la présence de silex taillés tertiaires en des lieux fort distants les uns des autres. Nous aurons donc l'*Anthropopithecus Bourgeoisii* de Thenay ; l'*Anthropopithecus Ramesii* du Cantal ; l'*Anthropopithecus Ribeirosianus* du Portugal.

Et quelles raisons militent en faveur de tous ces anthropopithèques ? D'abord c'est qu'à Thenay, dans le Cantal, en Portugal, l'on dit avoir rencontré dans les couches tertiaires de ces fragments de silex qui seraient de vraies œuvres d'art. Ensuite c'est l'impossibilité dans laquelle on serait de pouvoir admettre l'existence de l'homme vrai, de l'homme parfait, à cette époque reculée ; et cette impossibilité on la fonde sur les lois de la paléontologie. Par quel raisonnement ? Le voici : depuis la formation des marnes miocènes de la Beauce, où se trouvent les silex taillés, la faune mammologique, nous assure-t-on, a changé trois fois ; donc aussi l'homme a changé, et par conséquent, aux temps tertiaires, l'homme n'était point encore ce qu'il est maintenant; il n'était point l'homme vrai, il n'était que l'anthropopithèque.

Que l'homme ait changé, parce que les animaux ont changé, c'est, affirme M. de Mortillet, une conclusion qui s'impose nécessairement à l'esprit d'après les lois paléontologiques. Car « comment, au milieu de ces changements, l'homme seul serait-il resté invariable, lui qui a sa place à la tête des animaux dont l'organisme est le plus compliqué? Est-il possible de réclamer pour l'homme une exception aux lois générales? Donc, » et c'est la conviction de M. de Mortillet, « il faut admettre que les silex de Thenay, taillés intentionnellement, dénotent l'existence à cette époque d'un être intelligent qui a précédé l'homme et qui doit être considéré comme son précurseur, comme son ancêtre. Ce n'est point là une simple hypothèse, « ajoute notre savant; « c'est une déduction logique tirée de l'observation des faits. »

Nous tiendrions donc enfin l'homme-singe, l'anthropopithèque? Hélas! pas encore, et ce sont les amis mêmes de M. de Mortillet qui vont faire évanouir toutes ces belles illusions.

C'était au Congrès scientifique tenu à Lyon

en 1873 (1), devant la section d'anthropologie (séance du 22 août), que M. de Mortillet venait affirmer catégoriquement, et comme déduction logique de l'observation des faits, l'existence désormais certaine de l'anthropopithèque. Mais M. de Mortillet paraît avoir été seul de son avis et, de son affirmation catégorique, il ne restait rien après que divers membres eurent présenté leurs observations.

Ainsi M. Hovelacque déclare que l'opinion de M. de Mortillet sur les anthropopithèques « lui paraît répondre, sous le rapport de la vraisemblance, à tout ce qu'on est en droit d'attendre d'une conjecture. » : « J'y reconnais, en un mot, » dit-il, « une supposition scientifique. » Conjecture, supposition scientifique, nous voilà déjà loin de la déduction logique.

M. Cazalis de Fondouce n'a pas bien saisi la force du raisonnement apporté par M. de Mortillet en faveur de l'anthropopithèque : Les silex taillés tertiaires seraient en tout semblables à certains silex taillés de l'âge quaternaire : aux deux époques, l'industrie serait donc la même. Dès lors, quel motif de dis-

(1) Association Française pour l'avancement des sciences. Session de 1873, à Lyon. Section d'Anthropologie : séance du 22 août.

tinguer deux artistes différents pour ces mêmes
ouvrages, de distinguer deux sortes d'hommes,
l'homme vrai et son précurseur, l'anthropopithèque ? L'argument a toute sa valeur contre
M. de Mortillet qui, comme on le sait, crée
autant d'espèces d'hommes qu'il rencontre de
sortes d'outils.

M. Carthailac va plus loin que M. Cazalis
de Fondouce : ce qui l'étonne, lui, c'est que
l'on ose faire de l'auteur des silex de Thenay un être inférieur à l'homme quaternaire.
Le contraire serait plutôt la vérité : car, si
nous jugeons les artistes d'après leurs œuvres,
l'artiste de Thenay était plus adroit que les
premiers hommes quaternaires : les jolis grat-
toirs qu'il a préparés, les petits silex qu'il a
finement retouchés dénotent une industrie
plus riche que celle du commencement de l'âge
suivant. Avec M. Carthailac, nous allons bientôt être amené à cette conclusion que *l'anthropopithecus Bourgeoisii*, l'homme commencé,
était plus adroit, plus industrieux, plus civi-
lisé que l'homme achevé, l'homme vrai. En
de telles conditions, comment croire encore
à l'anthropopithèque ?

Enfin Mlle Clémence Royer vient donner
le dernier coup à tous les *anthropopithecus* de

M. de Mortillet. Mlle Clémence Royer ne voit d'abord pas qu'il soit prouvé que l'homme tertiaire se distingue par des différences anatomiques de l'homme quaternaire. Ensuite, que la loi de la spécialité des fossiles à chaque époque soit fondée, elle l'accorde; mais, en même temps, elle ne croit pas que cette loi ait eu sur l'homme tous ses effets, parce que l'homme, à l'aide de ses aptitudes intellectuelles et industrielles, a pu réagir contre les conditions défavorables de son milieu, et a dû, par là même, échapper aux fatalités de la sélection naturelle.

« Alors, conclut Mlle Royer, il faut admettre contrairement à ce que pense M. de Mortillet. que, depuis l'époque où l'homme a commencé à tailler la pierre, son organisme physique doit être resté stationnaire. » De plus, toujours d'après Mlle Royer, « pour arriver à ce degré d'intelligence et d'adresse qui consiste à tailler un caillou dans un but donné d'utilité ou de défense, il faut déjà que l'homme tertiaire ait été un homme au point de vue anatomique, c'est-à-dire un mammifère à station droite, ayant des pieds pour la marche et des mains exclusivement consacrées à la préhension, » en un mot: un homme comme les hommes d'aujourd'hui.

Ainsi, il ne reste pas même à l'actif de l'homme-singe un simple grattoir, pas le moindre silex taillé, et tous les anthropopithèques de M. de Mortillet font banqueroute, sont en complète déconfiture.

Nous nous sommes posé cette question : Retrouve-t-on dans les archives paléontologiques l'acte de naissance de l'homme-singe, de cette forme mixte et vague par laquelle aurait passé la bête pour évoluer, se transformer en homme ?

Nous avons la réponse maintenant : Dans les archives paléontologiques, l'on ne retrouve point cette pièce importante. Scientifiquement parlant, l'homme-singe n'est pas né.

CHAPITRE V

SI LA SÉLECTION ARTIFICIELLE TRAVAILLE POUR LE COMPTE DE L'HOMME-SINGE

Variations individuelles chez les êtres vivants. — *Variation dans* l'espèce ; mais point variabilité *de* l'espèce. — Écart indéfini du type primitif, point possible. — La sélection artificielle : l'homme utilise les variations individuelles spontanées pour former des races. — Métissage et hybridité : employés à bon droit pour délimiter l'espèce. — Les fameux léporides. — Ce que seraient aujourd'hui règne animal et règne végétal si métissage et hybridité étaient même chose.

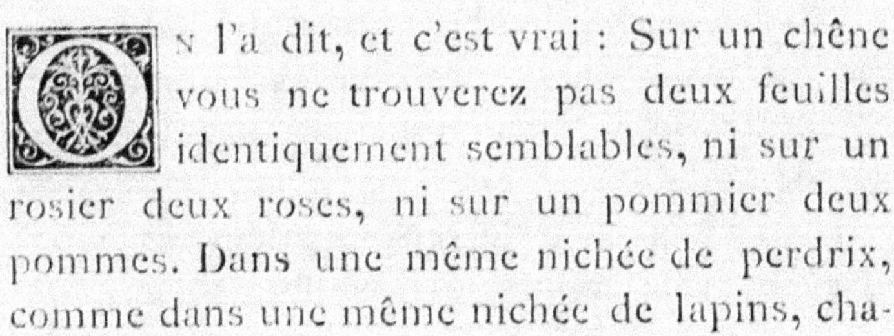

N l'a dit, et c'est vrai : Sur un chêne vous ne trouverez pas deux feuilles identiquement semblables, ni sur un rosier deux roses, ni sur un pommier deux pommes. Dans une même nichée de perdrix, comme dans une même nichée de lapins, chacun des perdreaux et chacun des lapereaux a ses caractères individuels plus ou moins accentués par lesquels il se distingue de ses frères. La nature, dans la multiplication des individus vivants, semble avoir horreur d'une ennuyeuse uniformité, et prendre à tâche de mettre partout une agréable variété.

L'homme, à son tour, s'empare des moindres accidents organiques naturellement produits, en tire parti pour un but déterminé, accumule en un seul être les minimes variations de plusieurs ascendants et pétrissant, pour ainsi dire, jusqu'à un certain point, de ses mains intelligentes, la matière vivante animale et végétale, il fait comme des animaux nouveaux et de nouvelles plantes. Voyez ce que l'homme a fait du cheval, du bœuf, du mouton, du chien, et aussi de la laitue, du rosier, du pommier, etc.

Mais qu'est-ce que tout cela prouve? demandera-t-on. D'après les transformistes, ces faits prouveraient que la transmutation des êtres, que la transformation des espèces est non-seulement possible, mais qu'elle entre dans le plan de la nature.

Il y a là un vice de raisonnement, et pour faire sentir le sophisme il suffit de l'emploi correct des deux particules prépositives *dans* et *de*. Nous dirons : les faits connus prouvent la variation *dans* l'espèce ; mais ils ne permettent pas de conclure à la variabilité *de* l'espèce. Les variations, nous ne les nions point, mais nous faisons remarquer que ces variations restent dans les limites du cadre de l'espèce ou des caractères spécifiques.

La variabilité de l'espèce emporterait bien autre chose : ce serait la transmutation d'un type en un autre, comme qui dirait d'un chien en un loup ou inversement. Or, quelques grandes que soient les variations *dans* l'espèce, elles ne sont point une raison valable de nous faire conclure à la variabilité *de* l'espèce. Ainsi, parce que, *dans* l'espèce chevaline, nous allons du petit poney au grand boulonnais, et du léger anglais au pesant percheron, avons-nous le droit de dire que notre cheval peut devenir une hémione, un âne, ou un autre animal ? Certainement on trouverait impertinente une telle manière de raisonner.

Cependant, peut-être sans y faire assez d'attention, les transformistes prennent un peu de cette mauvaise logique. Voyez, nous disent-ils, nos animaux domestiques, quelle variabilité ! Comparez le king-charles à un terre-

6

neuve, un boule-dogue à un lévrier ; rappelez-
vous moutons, bœufs, porcs, pigeons, oiseaux
de nos basses-cours ! Voulez-vous que chaque
espèce reste enfermée dans une sorte de muraille de Chine dont il serait impossible de la
faire sortir ? Mais cela est incompatible avec
l'existence des races : car du jour où une modification d'un caractère se fixe (comme dans le
terre-neuve, le boule-dogue, le lévrier, s'il
s'agit du chien ; ou, pour l'espèce chevaline,
chez le poney, le boulonnais, le percheron,
l'anglais), cette modification fût-elle d'abord
extrêmement légère, peut devenir aussi considérable qu'on voudra le supposer (au point
même que le cheval cessera d'être un cheval et
le chien finira par n'être plus un chien ? C'est
bien fort). On insiste : le jour où une race
prend naissance, elle peut servir de point de
départ à une série de races successives, toutes
peu éloignées du type d'où elles dérivent immédiatement, mais qui avec le temps s'éloigne-
ront *indéfiniment* du type primitif.

Pour achever de convaincre ses auditeurs
que cet *écart indéfini* du type primitif n'est
point chose chimérique, M. Perrier ajoute :
« Nos mammifères domestiques nous démon-
trent d'ailleurs qu'il n'y a pas un caractère

extérieur ou anatomique qui ne soit susceptible
d'être altéré : la couleur et l'épaisseur du poil,
la taille, la puissance et la disposition des muscles varient incessamment; le squelette est
tout aussi fréquemment atteint; les dents peuvent disparaître ou se modifier, des doigts nouveaux apparaître, les membres se raccourcir
ou s'allonger, les os de la tête changer de forme
et de proportion, de sorte qu'il devient impossible d'assigner un ordre de caractères qui
demeurent constants, une grandeur de variation qu'un caractère donné ne puisse dépas-
ser. »

Tout cela est vrai, c'est comme le résumé de
l'histoire de nos espèces domestiques, de l'espèce
chien, par exemple. Tout cela cependant prouve-
t-il la possibilité d'un *écart indéfini*, le fait de
la variabilité *de* l'espèce? Parce qu'un chien
est devenu très différent d'un autre chien dans
tous ses caractères extérieurs et plusieurs détails anatomiques, a-t-il cessé d'être un chien?
Jusqu'à présent, point encore de résultat semblable observé.

« Dès lors, demande M. Perrier, en quoi
et par quoi la variation est-elle limitée? »
Mais la variation, répondrons-nous, est limitée
par ce quelque chose qui est le cadre de l'es-

pèce, qui constitue le type organique auquel appartient l'individu soumis au changement, et ce cadre est tel que l'homme, malgré toute son industrie, ne peut point le faire franchir; ce type organique est si foncièrement important que, quand l'on y touche, c'est la mort de l'individu. Nos expériences de sélection artificielle mettent ce point d'histoire naturelle en parfaite évidence.

La sélection artificielle, on le sait, consiste à choisir intentionnellement des reproducteurs doués de telle qualité, de tel caractère individuel, dans le but de faire réapparaître, chez les descendants, cette même qualité, ce même caractère, avec plus d'intensité encore. La qualité, le caractère choisi n'était qu'à l'état de variété dans les parents; si l'opération tentée par sélection artificielle réussit, on aura une race.

Je ne m'arrêterai point à retracer toutes les modifications que l'homme a pu introduire, dans les organismes animaux et végétaux, par l'emploi de ce procédé si simple de la sélection. Quand l'homme prend à sa charge un animal ou une plante, c'est qu'il en attend certains services, et tous ses soins tendent à modifier les individus qui se succèdent dans le sens des services à rendre. « L'esthétique de l'éleveur, dit M. Bouley (*Revue scientifique*, 2 mai 1874), n'est point celle du peintre ou du sculpteur ; mais rendre les animaux domestiques le plus utiles par leur vie et par leur mort, voilà son idéal. L'homme emprunte à Dieu la substance vivante, et devient créateur dans la mesure selon laquelle sa puissance peut s'exercer : taille, formes, aptitudes, instincts, marche, poses, couleurs, proportions respectives des parties du corps, il fait tout cela, il modifie tout cela. L'éleveur a une manière de faire manger pour avoir de la graisse, une autre pour avoir du lait, une autre pour faire des muscles ; de sorte qu'avec le même animal on pourrait dire que successivement il peut en faire trois. »

Et si le caprice s'en mêle, que de formes bizarres vont apparaître ! On a des moutons à longue laine et des moutons à laine courte : le chanfrein de cet animal est tantôt droit, tantôt busqué ; le nombre des cornes varie de zéro à quatre, et même à cinq dans une race d'Irlande ; la queue est nulle ou traînante, ou maigre ou chargée de graisse. Chez le chien, la taille varie de 1 à 5 : l'un a une épaisse fourrure, l'autre est dépourvu de poil ; celui-ci

a un pelage dur et raide, cet autre, un pelage
soyeux, laineux, frisé ; la couleur est variable ;
les oreilles sont droites et courtes, ou tom-
bantes et longues ; la queue varie de volume,
de longueur ; l'on y compte vingt-une vertèbres
chez le dogue, et pas une chez le chien sans
queue ; le squelette du basset et celui du dogue
n'ont peut-être pas deux os qui ne présentent
des différences frappantes ; dans l'un l'omoplate
est carrée, dans l'autre elle est arrondie, etc.;
de même pour le crâne ; le nombre des doigts
varie aux pieds de derrière ; nous avons le
chien-loutre, parce que la peau s'étend entre
les doigts, et le terre-neuve, qui présente aussi
cette disposition, est même de création assez
récente.

Si, de ces diverses races de chiens ou d'autres
animaux domestiques, nous n'avions que le
squelette, nous serions exposés à considérer
comme des espèces différentes, ou même des
genres distincts, les individus que nous savons
pertinemment appartenir au même type, à la
même espèce, parce que nous les voyons vivre
sous nos yeux. Quand le paléontologiste futur
trouvera l'homme enseveli avec les débris de
nos animaux domestiques, en y mettant un peu
de bonne volonté, que d'espèces de pigeons,

de canards, de moutons, de bœufs, de chevaux n'admettra-t-il pas ?

L'homme est puissant par la sélection artificielle, mais peut-il tout faire de la matière vivante ? Peut-il donner aux races qu'il forme un écart indéfini du type primitif, et les constituer par cet éloignement du type à l'état d'espèces nouvelles ? Nous devons répondre négativement. La matière animale, remarque avec beaucoup de justesse M. Bouley, n'est pas comme le bloc de marbre d'où l'artiste inspiré peut faire jaillir, sous les coups de son ciseau, la forme idéale qu'il a conçue. Le plan humain peut se surajouter à celui de la nature, mais non pas se substituer à lui ; car ce dernier est immuable dans ce qu'il a de fondamental.

L'homme, malgré toute son habileté et les moyens dont il dispose, ne forme que des « races, » et ne constitue pas d' « espèces » nouvelles : voilà la conclusion à laquelle nous mène ce court aperçu des effets de la sélection artificielle.

Les transformistes, qui veulent, à toute force, voir de nouvelles espèces là où il n'y a que des races, nous refusent tout moyen de distinguer les races des espèces voisines. « Toute distinction, nous dit M. Perrier, s'efface entre la race et l'espèce, et nous sommes ramenés par les faits à considérer la race comme une espèce en voie de formation, et l'espèce comme une race que l'adaptation à des conditions d'existence particulières a isolée dans la nature, de sorte que tout mélange entre elle et les formes voisines devient difficile, sinon impossible. »

Quels sont les caractères qui vont permettre de distinguer les races d'une espèce des espèces voisines ? nous demande M. Perrier. Ces caractères, nous ne les prendrons point dans les différences anatomiques, qui varient beaucoup dans la même espèce ; mais nous les trouverons dans les faits physiologiques : il y a là un double phénomène bien résumé par les deux mots : métissage et hybridité. Le métissage détermine le champ dans lequel la sélection peut se mouvoir à son gré avec pleine chance de succès ; ce champ, c'est l'espèce avec ses races subordonnées ; l'hybridité formule la limite que l'homme, malgré ses efforts, ne peut faire franchir à une matière vivante donnée ; c'est ce qui sépare les espèces les unes des autres. Telle est notre réponse.

Métissage et hybridité sont des croisements

d'individus vivants dans le but d'obtenir une nouvelle génération. Les croisements essayés ne sont pas également heureux : il en est qui sont faciles, dont le résultat est certain, qui améliorent les produits, accroissent plutôt la fécondité qu'ils ne la diminuent, nous dirons : il y a là métissage. D'autres croisements, au contraire, sont difficiles ; leur résultat est fort incertain, souvent nul, désordonné ; les produits ne sont pas améliorés, ne sont pas stables dans leurs caractères ; la fécondité est ou restreinte, ou nulle ; nous résumons ces faits par le mot hybridité. Nous cherchons alors pourquoi les croisements essayés ne réussissent point également entre n'importe quels individus vivants de n'importe quels types, et nous arrivons à la notion de l'espèce.

Dans le métissage on superpose deux plans qui coïncident dans ce qu'ils ont de fondamental et peuvent s'adapter facilement l'un à l'autre ; ce qu'il y a de fondamental en l'un et en l'autre, c'est le constitutif de l'espèce. Dans l'hybridité l'on cherche à superposer deux plans qui s'excluent l'un l'autre, comme serait le plan d'un édifice de style grec sur le plan d'un édifice de style gothique; on obtient un produit, si toutefois il y en a un, qui ne pourra pas faire souche ; on avait affaire à deux espèces distinctes. Le métissage nous indique que nous sommes dans l'espèce; l'hybridité nous avertit que nous sommes sortis de l'espèce.

La génération féconde témoigne de l'espèce. Linné a dit : *Species tot sunt quot diversas formas ab initio produxit Infinitum Ens : quæ formæ, secundum generationis inditas leges, produxere plures et semper sibi similes ; ergo species tot sunt quot diversæ formæ seu structuræ hodiedum occurrunt* (Phil. Bot). Et il ajoute plus loin : *Species constantissimæ sunt, cum earum generatio est vera continuatio.* L'espèce est donc une forme de vie commune à plusieurs individus se perpétuant dans le temps et dans l'espace; ou mieux : l'espèce est l'ensemble des êtres vivants qui descendent les uns des autres, peuvent mêler leur sang, perpétuer leur type et sont féconds indéfiniment entre eux. *Crescite et multiplicamini* (Gen.) (1).

(1) Müller, *Physiologie des Menschen*, 1842. II. p. 769 : « L'espèce est une forme de vie, représentée par des individus, qui revient avec des caractères certains et indélébiles dans les générations subséquentes et qui se reproduit constamment par la génération d'individus semblables. Cette dernière circonstance distingue, des hybrides ou

La génération et la fécondité sont la condition nécessaire de la perpétuation de cette forme de vie : sans la génération et la fécondité, le type organique disparaît quand disparaissent par la mort les individus qui actuellement en sont les représentants. C'est donc avec vérité que l'on dit que la génération féconde té-

bâtards, les individus de l'espèce. Les hybrides, dont la procréation est rendue plus difficile par la répulsion qu'éprouvent l'un pour l'autre les individus d'espèces différentes, deviennent incapables de reproduire les caractères qui leur sont propres en s'unissant entre eux. Les variétés sont des formes de vie particulière, comprises dans l'idée d'espèce, et représentées par des individus dont les unions entre eux, ou avec d'autres variétés, sont fécondes : lorsque la variété persiste, elle devient une race. »

Flourens, *Journal des savants*, 1863, p. 628 : L'espèce vient de la fécondité continue; c'est la fécondité qui fait la fixité : en définitive, c'est la fécondité qui décide de tout.

Buffon : Le caractère de chaque espèce forme un type dont les traits principaux demeurent; les propriétés accessoires varient.

Gen. i. 21, 22 : Creavitque Deus cete grandia... et omne volatile secundum genus suum. Benedixitque eis dicens : crescite et multiplicamini, etc.

Le métissage donne des produits à ressemblance bilatérale : voilà pourquoi il est entré dans la pratique industrielle pour modifier, améliorer les races de légumes, fruits, animaux de service : dans l'immense majorité des cas, il donne des produits qui présentent une fusion, une juxtaposition, un mélange enfin des caractères paternels et maternels. — L'hybridation donne des produits mixtes et des produits à ressemblance unilatérale : puis le produit mixte se perd en faisant retour au type de l'un des parents, ou par extinction. (De Quatrefages. *Rev. scient*, 1868) moigne de l'espèce; c'est à bon droit que le métissage et l'hybridité sont employés pour délimiter l'espèce.

Mais, dira-t-on, les limites de ce que les naturalistes appellent espèces sont indécises : les uns voient une espèce où les autres ne voient qu'une race. C'est une question à résoudre ; mais notre indécision, notre ignorance d'un point particulier ne prouve rien contre la valeur du principe général.

Mais, ajoute-t-on, nous avons des hybrides indéfiniment féconds comme les léporides, hybrides du lièvre et du lapin, et l'*Ægilops triticoïdes*, hybride d'une espèce de graminée et du froment. « On commence, poursuit M. Perrier, à être obligé de prendre les plus grandes précautions pour empêcher l'huître du Portugal d'altérer, par des croisements, la qualité des huîtres de nos côtes, que l'on considère quelquefois, cependant, comme appartenant à un genre différent. Inversement, les cochons d'Inde domestiques refusent de se croiser avec la race sauvage qui habite le Brésil, tout comme s'ils étaient d'espèce différente, et la race issue de nos chats domestiques, qui habite le Paraguay, ne s'unit pas davantage à la race souche. »

Laissons les chats du Paraguay courir en liberté avec les chats de la race souche, et l'antipathie passera vite. Il en arrivera de même aux cochons d'Inde. Quant aux huîtres, s'il faut tant de précautions pour empêcher le croisement, c'est qu'il y a ici métissage : on a eu tort alors de ranger ces deux sortes d'huîtres dans deux espèces ou deux genres différents : elles ne sont que des races d'une même espèce.

L'histoire des léporides est connue. Ces hybrides ont fait leur apparition à Angoulême en 1850. Broca, ayant essayé de reproduire les expériences d'Angoulême, ne put réussir. M. Gayot fut plus heureux : en 1869 il présenrait à la Société d'Agriculture un léporide quarteron, issu d'une femelle demi-sang et d'un lièvre pur. Après un examen très minutieux, ce léporide a été trouvé semblable à un lapin pur sang ; sur les marchés, disait M. Florent Prévost, on rencontrait huit à dix bêtes avec les mêmes caractères que ce léporide à trois-cinquièmes de sang de lièvre, et ce n'étaient que des lapins domestiques.

En 1872, dans un mémoire présenté à l'Académie des Sciences, M. Sanson a donné le coup de grâce au léporide tant choyé des transformistes. On a obtenu, raconte M. Sanson, deux sortes de léporides : le léporide ordinaire et le léporide longue-soie. Le léporide ordinaire est absolument identique au lapin par tous ses caractères spécifiques. Le léporide longue-soie se rapproche du lièvre sans y être complètement arrivé, mais moins par les formes de son crâne que par ses attributs extérieurs. Le premier a donc opéré son retour complet à l'espèce ou type lapin, un de ses ascendants ; le second a la fourrure du lièvre légèrement modifiée : la reversion n'est pas complète encore, mais est en voie de se faire, et il n'y a pas de doute qu'elle serait déjà achevée, si la reproduction de l'hybride s'était faite dans les conditions du type lièvre, c'est-à-dire en état de complète liberté. Ainsi que l'on mette des léporides courir en liberté aux champs ou dans les bois, il n'y a nul espoir d'y introduire par ce procédé une nouvelle espèce de gibier ; on ne retrouvera, en fin de compte, que lièvre ou lapin. Et l'on viendra encore, au nom de la science, nous parler de la fécondité indéfinie des léporides !

Les hybrides d'ægilops et de froment ne se comportent pas autrement : ce sont des produits artificiels ; l'homme doit les tenir constamment en tutelle, ne point leur accorder l'émancipation, sous peine de les voir disparaître.

On insiste encore et l'on dit : si métissage et hybridation témoignent de l'espèce, jamais les croisements entre espèces ne devraient réussir, les essais d'hybridation devraient être constamment stériles. Cependant on obtient des résultats ; ce qui prouverait, selon les transformistes, que les espèces ont entre elles quelque lien de parenté, comme les races d'une même espèce. Broca répond à cette difficulté. « Les partisans du transformisme, observe notre savant, paraissent croire que l'hybridité d'espèce, étant relative à un caractère physiologique, constitue, en leur faveur, un argument spécial, un argument différent de ceux qui reposent sur les caractères de forme et de structure. Je ne puis me ranger à cet avis. Les propriétés physiologiques sont la conséquence des conditions anatomiques, et les analogies révélées par l'étude de l'hybridité ne sont que des analogies organiques : elles ont la même signification que les caractères de l'organisation proprement dite. Il ne faut pas se figurer que, parce qu'elles concernent l'appareil de la génération, elles indiquent plus particulièrement l'idée de parenté ; elles ne sont qu'une conséquence du grand fait de la distribution sériaire des êtres, et elles n'ajoutent rien au degré de probabilité des inductions que l'on peut tirer de ce fait général en faveur du transformisme. »

En deux mots, et par un exemple : le croisement du cheval et de l'âne donne l'hybride connu, le mulet infécond. Le croisement donne dans ce cas un produit, ce qui s'explique par les analogies organiques des deux parents ; mais ce produit est infécond, ne fait pas souche, ne perpétue rien ; ce qui prouve la différence spécifique de ces mêmes parents.

Oh ! si chaque espèce n'était pas enfermée dans un cercle, dans une sorte de muraille de Chine, pour parler comme M. Perrier, d'où il est impossible de la faire sortir ; si le croisement d'espèce à espèce était seulement un peu moins difficile, si les hybrides pouvaient former souche et perpétuer leurs caractères mixtes, comme l'aspect de la création vivante serait différent de ce qu'il est aujourd'hui ! Tout se serait passé comme il arriverait maintenant si l'on réunissait libres dans un même parc toutes les races de chiens ; bientôt on n'aurait plus ni lévrier, ni dogue, ni terre-neuve,

mais des chiens sans caractère, des chiens de
rue. Et quand on réfléchit à ce fait que la nature, tous les ans et partout, répète, recom-
mence de vastes expériences d'hybridation et
de croisements d'espèces, sans que, cependant,
les distinctions s'effacent entre les groupes
naturels, comment ne pas conclure qu'il y a
vraiment entre les espèces des barrières infran-
chissables, que la nature, pas plus que la main
de l'homme, ne peut renverser? Si métissage
et hybridité étaient la même chose, aurions-
nous encore dans nos mers différents types
de poissons, et dans nos bois différentes es-
sences d'arbres?

Chez beaucoup de poissons, la fécondation
des œufs a lieu après la ponte; le principe pro-
lifique, mêlé à l'eau, ne va-t-il pas un peu où
le flot le pousse? Voilà une expérience d'hybridité tentée sur une vaste échelle. Voyez
cependant le résultat : les espèces de poissons
restent ce qu'elles sont, ce qu'elles étaient. On
citait quelques cas d'hybrides de poissons :
Valenciennes les a examinées et a montré que
ce n'était point des hybrides, mais des espèces rares mal connues autrefois.

Et dans nos forêts, nos arbres à fleurs di-
clines, pour ne point parler des autres, nous

offrent une expérience d'hybridité annuelle
tentée sur d'énormes étendues de terrain; et le
chêne continue de donner ses glands, le cou-
drier ses noisettes, le frêne et l'orme leurs
samares. Il est certain que, pour ce qui regarde le règne végétal, les conditions naturelles sont très propices pour amener la production d'hybrides, les croisements entre
individus d'espèces différentes. Cependant des
naturalistes ont été jusqu'à mettre en doute
que l'hybridité pût se produire. Linné avait
admis trente-six exemples d'hybrides d'espèces
contemporaines. Sur ces trente-six hybrides,
M. Godron n'en accepte que deux ou trois
comme authentiques. De Candolle fit le re-
censement des cas d'hybridation naturelle connus de son temps : il cite environ quarante
individus, tous différents de ceux que Linné
avait indiqués. Il ne s'agit pas de séries d'hybrides, se reproduisant par génération, mais
d'individus isolés, analogues par conséquent à
notre mulet, pouvant d'ailleurs être considérés
avec certitude comme produits de l'union
des représentants de deux espèces différentes.

Ainsi, malgré toutes les circonstances qui
tendent à la favoriser, l'hybridation naturelle
est très rare; elle est cependant un fait. M. De-

caisne admet une vingtaine de cas bien avérés ;
M. Godron a observé sept ou huit faits d'hy-
brid tion entre les *triticum* et les *ægilops*,
mais ces hybrides n'ont pas de descendance à
moins que l'homme n'y mette la main et ne
les garde en sévère tutelle.

Nous nous en tiendrons à ce que procla-
ment les faits et nous dirons : la génération
féconde témoigne de l'espèce ; l'espèce vient
de la fécondité continue ; c'est la fécondité qui
fait la fixité ; en définitive, c'est la fécondité
qui décide de tout. L'hybridation avec ses in-
succès, ses produits désordonnés, son manque
de fixité, et, en dernière analyse, sa stérilité,
nous sert à séparer, à distinguer les espèces.
Voilà où nous conduisent les expériences de
sélection artificielle et les tentatives de croisements arbitraires entre les types organiques :
jusqu'à présent, tout a prouvé la variation
dans l'espèce, mais rien n'a prouvé la variabilité *de* l'espèce.

Si l'on pense que nous nous avançons peut-
être trop, nous allons nous appuyer de l'autorité de Broca ; son langage diffère du nôtre,
mais ses conclusions sont les nôtres.

« L'étude des faits actuels, dit Broca, permet de mettre en doute la permanence absolue

des espèces admises par les zoologistes et
surtout par les botanistes : mais le sens du
mot *espèce* n'est peut-être pas assez bien défini
pour qu'on puisse tirer des faits de variation
une conclusion formellement contraire au
principe de la permanence; et quand, au lieu
des groupes souvent arbitraires qu'on distingue sous le nom d'espèces, on considère les
caractères généraux qui constituent en quelque
sorte les types de ces groupes, on ne trouve
pas, dans l'observation directe, la preuve que
les causes naturelles puissent aller jusqu'à
modifier profondément ces caractères. En ce
sens, je dirai que, si les faits actuels ne sont
pas conformes à l'idée que l'on se fait habi-
tuellement de la permanence des espèces, ils
ne sont pas pour cela incompatibles avec
l'idée de la permanence des types. »

Broca ajoute encore : « L'exemple des animaux et des plantes domestiques, tant invoqué par les transformistes, ne prouve absolument rien. D'une part, en effet, les conditions
auxquelles l'homme soumet les espèces qu'il
modifie ne se retrouvent pas dans la nature,
et, d'autre part, on ne sait pas encore jusqu'où
peuvent s'étendre les effets de la sélection artificielle (Broca est généreux, on le voit, il

accorde autant qu'il peut à ses amis). Les partisans de la fixité de l'espèce estiment que les limites de ces modifications sont celles de l'espèce elle-même. Leurs adversaires leur répondent que beaucoup d'espèces classiques diffèrent moins entre elles que tel chien de tel autre chien. Mais ce qui est parfaitement certain, c'est que la sélection artificielle, quelque efficace qu'elle soit, n'a jamais produit de divergences allant au-delà de celles qui caractérisent les genres. Elle laisse toujours persister un type organique parfaitement déterminé. Certes, on n'a pas le droit d'en conclure que des changements plus profonds ne puissent pas se produire dans la grande officine de la nature, mais on ne peut pas davantage arguer de la réalité de ces variations limitées pour établir la réalité de variations illimitées. » Ainsi parle un transformiste. Encore une des illusions de M. Perrier qui s'en va !

La sélection artificielle, la mieux conduite, la mieux outillée, la mieux secondée par les circonstances, aurait-elle pu aboutir à produire quelque chose comme l'homme-singe ? Non, jamais, à tout jamais.

CHAPITRE VI

SI LE JEU DE LA SÉLECTION NATURELLE A JAMAIS PU ABOUTIR A FORMER L'HOMME-SINGE?

D'après les Darwinistes la nature aveugle est beaucoup plus
adroite que l'éleveur intelligent. — La sélection naturelle : concurrence vitale : transmission par hérédité des
caractères acquis, et en même temps tendance à la variation individuelle. — Les prodiges attribués à la sélection
naturelle. — D'après Broca, la sélection naturelle n'est
qu'un brillant mirage ! — D'après Broca, la sélection
naturelle n'a aucunement pu former l'Orang-Outang. —
L'homme échappe à la sélection naturelle.

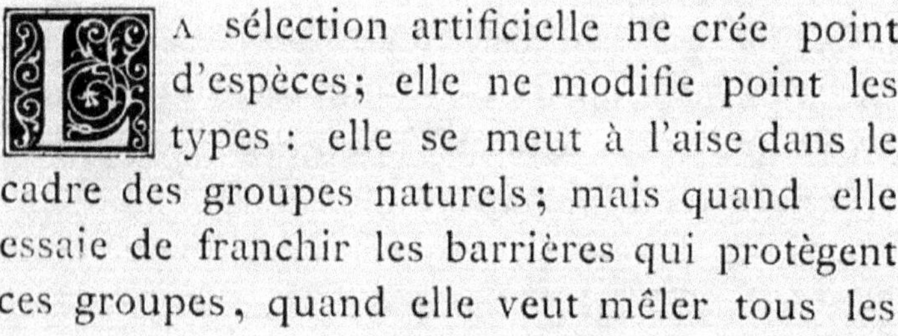

A sélection artificielle ne crée point
d'espèces ; elle ne modifie point les
types : elle se meut à l'aise dans le
cadre des groupes naturels ; mais quand elle
essaie de franchir les barrières qui protègent
ces groupes, quand elle veut mêler tous les

sangs indistinctement, elle se trouve impuis-
sante à rien faire de durable, et les formes
étranges qu'elle a réussi à faire apparaître sont
éphémères ; elles lui échappent avec la vie des
êtres chez lesquels elle les avait réalisées. C'est
un fait acquis par l'expérience de l'homme.

Mais les transformistes ne se tiennent pas
pour battus. Si l'homme n'a pas réussi à créer
de nouvelles espèces, s'il n'a produit que des
races ou des hybrides sans progéniture, c'est,
nous dit M. Perrier, que la durée des in-
fluences que nous pouvons faire subir à une
espèce donnée, est trop courte pour que nous
puissions en bien observer les effets. Il n'est
pas étonnant que nous ne réussissions pas à
constater des variations chez les animaux contemporains de l'homme quand, pendant la
même période, notre espèce elle-même, n'en
a pas manifesté. Mais il n'en est plus ainsi,
ajoute-t-on, lorsqu'on embrasse une période
plus longue : c'est dans ces conditions seulement que l'on peut bien mesurer le degré de
variabilité des formes vivantes : la parenté de
types que tout semblerait aujourd'hui devoir
faire considérer comme distincts, les liens qui
unissent ces types aux espèces fossiles, deviennent alors plus évidents.

Et quelle est cette longue période de temps qu'il faut embrasser pour saisir ces modifications ? Suffit-il de remonter à l'époque des Pharaons d'Egypte ? Non, ce n'est pas encore aller assez haut dans le passé. « A ceux qui opposent au transformisme, dit M. Perrier, que les animaux conservés dans les sépultures égyptiennes depuis des milliers d'années sont identiques aux animaux d'aujourd'hui, nous sommes en droit de dire : remontez à de plus antiques sépultures, exhumez les ossements des animaux quaternaires et tertiaires et vous trouverez la preuve des variations que vous cherchez. » Là vous apprendrez que « la variabilité des carnassiers tertiaires était telle que M. Filhol n'a pas compé moins de 17 races distinctes dans une seule espèce de Cynodictis, animaux intermédiaires, comme leur nom l'indique, entre les chiens et les martres.

Là vous lirez l'histoire de nos mammifères ongulés à pied fourchu, dont les sangliers et les ruminants constituent aujourd'hui deux types bien distincts. Durant la période tertiaire, ce n'était qu'un seul tout, d'où l'on voit se dégager ensuite peu à peu des formes intermédiaires communes: les pachydermes omnivores, dont les cochons et les hippopotames sont les représentants les plus connus ; et les ruminants, essentiellement herbivores, manquant d'incisives à leur mâchoire supérieure, et présentant un intervalle vide, la barre, entre leurs incisives inférieures et leurs molaires. M. Filhol a suivi, chez les cænothériums de Saint-Gérand-le-Puy, toutes les phases de la production de cette barre. A cette époque, les liens entre les ruminants et les porcins, ou entre diverses espèces de ruminants, sont tellement multiples que la filiation devient difficile à suivre : mais cet embarras, c'est l'embarras du choix : nous sommes vraiment en présence de ce chaos de formes passant les unes aux autres, qui, suivant les adversaires du transformisme, devrait être le résultat de la plasticité des espèces. »

Ainsi, d'après ce tableau des phénomènes que l'on nous présente comme accomplis pendant l'époque tertiaire, l'homme, malgré son intelligence, malgré sa sagacité dans l'emploi de la sélection, malgré ses ressources, est totalement vaincu par la nature : l'homme ne peut créer une seule espèce : la nature crée à plaisir des espèces : l'homme ne peut transformer un seul type organique : la nature les modifie comme en se jouant.

L'homme pourrait-il d'un animal tirer deux
animaux si différents que le chien et la martre ?
Assurément non. La nature sans peine, avec
le cynodictis, arrive à faire et le chien et la
martre. L'homme pourrait-il d'une même
souche, d'un même couple, faire naître deux
produits aussi différents que le sanglier et le
bœuf ? Insensé, l'éleveur qui aurait de telles
prétentions ; mais la nature connaît le secret
de cette métamorphose. Étant donné un pachyderme, comment s'y prendre pour en faire
sortir rhinocéros, tapirs, chevaux, sangliers,
hippopotames, bœufs, et singes même par
l'intermédiaire du cebochœrus ? Le procédé
échappe complètement à l'homme, mais la
nature est armée comme d'une baguette ma-
gique au moyen de laquelle elle opère sans
difficulté ces étonnantes créations.

Et quel est cet artifice si puissant qui permet
à la nature d'accomplir toutes ces merveilles ?
Le lecteur l'a déjà nommé : il s'appelle la « sélection naturelle. » Sans doute, il faut aussi
le temps : mais le temps n'est que l'élément
secondaire du succès ; avec le temps seul, la
nature ne ferait rien de nouveau. D'autre part,
pour le temps, la nature peut en prendre à sa
guise ; car elle peut puiser à discrétion dans

l'immense durée des âges géologiques. La cause active de la variation des espèces et de la différenciation des types nouveaux est donc la sélection naturelle.

L'hypothèse (les transformistes disent le principe) de la sélection naturelle fut introduit dans la science par Darwin. Avant Darwin on s'était sans doute occupé de la formation des espèces par le jeu des causes naturelles, mais les moyens que l'on imaginait laissaient beaucoup à désirer en efficacité.

Ainsi Lamarck voulait que, sous l'action du stimulant que nous appelons le besoin comme la faim, la soif, etc., les organes se modifiassent et se transformassent dans un sens déterminé : la poule, par exemple, poussée à l'eau par le besoin d'aller chercher sa nourriture, aurait pris, par l'usage, les pieds palmés et serait devenue canard : la girafe n'aurait aujourd'hui un si long cou que parce que, autrefois, il lui fallait faire grand effort pour atteindre la verdure des arbres, etc., etc. Geoffroy Saint-Hilaire attribuait beaucoup à l'influence des agents extérieurs, surtout à la température et à l'air atmosphérique. La respiration est, selon Geoffroy, l'une des causes les plus puissantes de modifications, tellement que pour ce naturaliste, nous dit M. Perrier, un accident survenu à l'appareil respiratoire d'un reptile pendant son développement aurait suffi pour faire de cet animal un oiseau.

Mais toutes ces explications n'étaient point faites pour sauver le transformisme du ridicule : de plus elles étaient totalement insuffisantes pour expliquer l'apparition, la formation des espèces. Car, nous ne devons pas l'oublier, il n'existe pas seulement des individus vivants, animaux et végétaux, isolés les uns des autres ; mais ces individus se groupent en espèces, en castes, si bien délimitées, si naturelles que nous n'obtenons rien, nous autres hommes intelligents et industrieux, quand, dans un but de reproduction, nous unissons deux individus pris dans deux castes ou espèces différentes.

Enfin Darwin apparut, et sauva le transformisme. Ce savant trouva une hypothèse, une théorie qui explique tout : cette théorie a pour base la *sélection naturelle.*

Sélection naturelle ! Si nous nous arrêtons au sens des termes, cette expression signifie qu'il se fait, dans le règne animal et le règne végétal, de par la nature, sans l'intervention d'aucun agent intelligent, quelque chose de comparable à ce que l'homme accomplit quand il procède par sélection artificielle. La sélection naturelle consiste donc dans le choix des reproducteurs qui doivent perpétuer la vie en donnant le jour à de nouveaux individus ; mais la nature n'agissant point par intelligence, par discernement judicieux, comme l'homme, Darwin a mis à la place de cet élément essentiel de la sélection artificielle, une sorte de nécessité organique et physiologique, qui, d'après lui, conduit au même résultat : le choix de ces reproducteurs, que la nature semble faire, est basé, déterminé, nécessité par la supériorité que donnent à des individus privilégiés, dans la lutte pour l'existence, leurs qualités innées, leurs caractères, je dirais même, s'il ne s'agissait point de bêtes ou de plantes, leurs talents individuels.

Voyons brièvement quelle est l'économie du système de la sélection naturelle : l'hypothèse est, pour ainsi dire, réfutée, quand on s'en est fait une idée nette. Nous n'inventerons rien : Broca nous servira de guide.

Tous les individus qui naissent des mêmes parents ne viennent pas à l'existence également bien doués : il y a entre eux de la variété, et l'on conçoit facilement que certaines de ces variations sont un avantage pour celui qui les possède. Les variations individuelles, avantageuses ou non pour le sujet, sont un fait qui n'est pas à discuter. Un autre fait, que l'on doit également admettre, est la fréquence de la transmission des variations ou caractères individuels par hérédité : c'est sur ce fait que s'appuie l'opération du métissage. Un troisième fait est que chaque individu cherche, par tous les moyens en son pouvoir, à vivre, à prolonger son existence : c'est de ce fait que les darwinistes font une loi, leur loi de la lutte pour l'existence.

La lutte pour l'existence, la concurrence vitale est une loi, dit Broca ; car les lois de la reproduction faisant naître plusieurs individus d'un seul, la population animale et végétale de la terre s'accroîtrait indéfiniment si l'espace et les subsistances étaient sans limites : une seule espèce pourrait même, si rien ne contrariait son expansion, accaparer, au détriment de toutes les autres, toute la substance organisable du globe. De là cette loi fatale de la lutte des êtres vivants, lutte entre les espèces qui se disputent la place et la nourriture, lutte entre les individus, qui réclament une part du lot commun de leur espèce, lutte universelle et éternelle où le plus faible doit succomber.

Le loup mange l'agneau, le chat croque la souris, le puceron suce le rosier et le phylloxera le cep de vigne. Parce que ces faits sont réels, les darwinistes veulent que la lutte pour l'existence, la concurrence vitale passe pour une loi de la nature ; et voici comment, à la faveur de cette loi, va fonctionner la sélection naturelle, comment vont être comme choisis les reproducteurs privilégiés.

La concurrence vitale tend à éliminer, à chaque génération, les êtres les moins bien adaptés au milieu, au climat, etc.; elle conserve au contraire les individus doués de force et de certaines qualités natives qui constituent un avantage dans le combat pour l'existence. Ce sont ces individus privilégiés qui vont donner naissance à une nouvelle génération, à laquelle ils légueront leurs qualités avantageuses. Ce qui n'était, dans un individu, qu'une simple variation organique pourra, au bout d'un certain nombre de générations, constituer un caractère plus ou moins fixe : de là naîtront, dans une espèce, des variétés, des races plus ou moins divergentes, et, si nous en croyons Darwin, à la longue, les divergences s'accroissant, ces races peuvent devenir des espèces,

ces espèces des genres, puis des familles, des ordres, et même des classes.

Et voilà comment se formeront tous les groupes si divers d'êtres vivants. Pour amener ce résultat grandiose, on ne vous demande que d'accorder du temps et de croire au pouvoir sans limites de la sélection naturelle.

Le système de la sélection naturelle « est fort ingénieux sans doute, mais entièrement hypothétique ». C'est Broca qui parle avec aussi peu de révérence de l'hypothèse darwinienne. Et il continue : Si l'on se demande comment Darwin a été conduit à faire découler de la sélection naturelle cette série de conséquences, on reconnaît bientôt, — et il ne s'en cache pas, — qu'il a cherché à retrouver. dans l'évolution spontanée des espèces, l'image des phénomènes qui se succèdent dans les expériences de sélection artificielle. L'analogie qu'il a voulu établir entre les effets de l'art et ceux de la nature lui a constamment servi de guide et constitue le pivot de son argumentation.

Mais ce rapprochement est-il réel ? Tant s'en faut ; car la sélection artificielle s'obtient par l'intervention d'une volonté déterminée et non par l'action pure et simple des lois naturelles. La sélection artificielle choisit les reproduc-

teurs dans un certain but : la sélection naturelle
n'a point de but en vue. La sélection artificielle élimine la plupart des produits en ne
conservant pour la génération que ceux qui
tendent à varier dans le sens voulu ; elle est
méthodique : la sélection naturelle n'est point
méthodique, elle prend au hasard les reproducteurs qui restent après un triage fait à
l'aventure.

Dans la sélection artificielle tout est dirigé,
manié, par un être intelligent, qui trouble la
marche ordinaire des choses au gré de ses
volontés ou de ses caprices ; l'homme intervient
ici, comme le Dieu des finalistes, pour pro-
voquer des résultats que la nature seule n'aurait pas produits. A moins d'investir la nature
d'une volonté personnelle, manifestée par le
choix systématique des reproducteurs, ce qui
serait entièremen contraire à toute la philosophie darwinienne, on est bien obligé de reconnaître que le rapprochement établi entre
la sélection artificielle et la sélection naturelle,
pour démontrer la puissance de celle-ci par
l'efficacité de celle-là, est complètement arbi-
traire et illusoire.

M. Perrier, cependant, n'en a pas moins
une confiance illimitée dans le suprême pou-

voir de la sélection naturelle: avec ce charme en main, il vous explique tout, vous rend compte de tout. C'est la sélection naturelle qui distribue la vie et la mort; elle fait apparaître les types organiques, elle les fait disparaître. C'est la sélection naturelle qui donne leur forme, leur cachet aux êtres vivants: ici elle allonge, là elle raccourcit, elle atrophie en cet endroit, en cet autre endroit elle développe. Rien n'échappe à la vaste, à l'irrésistible influence de cette aveugle déesse que l'on a nommée la sélection naturelle.

Demandez à **M.** Perrier comment d'un seul pachyderme ont pu sortir et rhinocéros, et tapirs, et sangliers, et bœufs et singes? C'est l'œuvre de la sélection naturelle. Qui a fait disparaître successivement pendant les temps géologiques et trilobites, et plésiosaures, et paléothériums, et mammouths? C'est la sélection naturelle. Qui a formé ces groupes si définis d'animaux et de végétaux, dont nous usons aujourd'hui sans avoir la puissance de briser les barrières qui les séparent? C'est la sélection naturelle.

Voulez-vous entrer dans les détails, voulez vous savoir, non seulement pourquoi les formes organiques se sont succédé dans un ordre de

Mammouth ou *Elephas primigenius*

complexité croissante, mais pourquoi il y a des anomalies régressives qui ramènent à un type inférieur un ou plusieurs organes; pourquoi l'on trouve des organes inutiles et rudimentaires, comme des vestiges de mamelles chez les mâles; pourquoi il y a des parasites, comme puces et autres, et bien d'autres choses? C'est la sélection naturelle qui a fait tout cela.

La sélection naturelle, comme elle a varié adroitement ses produits! Considérez les animaux: les uns sont fixés au sol, d'autres rampent, d'autres courent, d'autres volent, comme oiseaux et chauve-souris: ceux-ci naissent d'œufs, ceux-là viennent au monde tout vivants, tout formés; il y en a qui respirent uniquement par la peau, mais on en trouve aussi qui ont ou des trachées, ou des branchies, ou des poumons; aux uns il faut l'eau comme élément, aux autres l'air; en voici qui n'ont qu'un même mode de vie pendant toute leur existence, mais en voilà d'autres qui réclament des milieux différents à diverses époques, comme les tænias qui n'ont leur développement qu'en faisant deux étapes, l'une dans un animal herbivore, et l'autre chez un carnivore, etc., etc.; et tous ces animaux sont contemporains, et tous

ces animaux habitent ensemble, se coudoient
sur la même place du globe, ne sont point par-
qués séparément en des recoins distincts de la
terre, quoique la grande loi de la concurrence
vitale soit là pour aider à la destruction des
petits et des faibles, et donner l'empire aux
grands et aux forts!

Le règne végétal ne présente pas moins de
diversité : les feuilles du chêne ne sont point
celles de l'orme, ni celles du sapin, ni celles
du tremble, ni cellés du palmier, ni celles de
l'acacia. La fougère et le champignon sont cryp-
togames, n'ont point de fleur; le chêne et le
potiron sont phanérogames monoïques ; le dat-
tier et le chanvre sont phanérogames dioïques;
la tulipe est phanérogame hermaphrodite
comme le lilas; mais le lilas a un calice et la
tulipe n'en a pas. Voyez les fruits maintenant :
le blé féculent, le pavot huileux, la pomme
charnue, la groseille jutéuse, etc., etc.

Eh bien! c'est la sélection naturelle qui a fait
tout cela avec sa variété et son harmonie tout
ensemble. Il n'y avait d'abord qu'une sorte
d'être et par conséquent uniformité monotone :
mais heureusement les rejetons de cet être
venaient au monde avec quelques variations
individuelles ; heureusement encore, ces varia-

tions pouvaient se transmettre par hérédité, s'accroître et s'augmenter avec le temps et les générations; heureusement aussi la loi de la concurrence vitale se trouvait là pour arrêter au passage certaines variations et laisser les autres faire fortune; et ainsi, de bonheur en bonheur, sans qu'une intelligence se mette de la partie, par le seul jeu de la sélection naturelle, on arrive à créer les deux règnes végétal et animal.

A quelle étonnante ampleur de vues doit donc atteindre la sélection naturelle! — Mais elle est aveugle! — Quelle puissance de combinaison doit-elle avoir pour être ainsi capable d'enter sur quelques organismes fort simples une si grande complexité d'organisations et de modes de vie! — Mais elle agit sans but, et prend à l'aventure tout ce qui vient.

Nous qui croyons bonnement, avec ceux qui ne sont pas savants, que l'ordre et l'harmonie ne peuvent être que l'œuvre d'une intelligence, nous sommes suspects de partialité, nous sommes récusables par conséquent, quand nous parlons en mauvaise part de la sélection naturelle. Aussi, pour ne point juger en notre propre cause, ce qui ne convient jamais, pas plus en histoire naturelle qu'ailleurs, nous

allons laisser la parole à un transformiste qui
nous a déclaré ne point vouloir de Dieu. Que
Broca nous dise donc si la sélection naturelle
est une vérité, ou si elle n'est qu'une vue
ingénieuse de l'esprit, une pure hypothèse
enfin.

« La concurrence vitale est une loi ; la sélection qui en résulte est un fait (c'est Broca qui
parle) ; la production des variations individuelles est un autre fait ; enfin la transmission
éventuelle de ces variations, pendant une ou
plusieurs générations, est une des conséquences possibles des lois de l'hérédité. Mais
ce qui n'est ni un fait, ni une loi, ce qui n'est
qu'une hypothèse, c'est l'écart indéfini que la
sélection naturelle ferait subir aux caractères
anatomiques et morphologiques ; c'est la per-
sistance et l'aggravation des variations que l'hérédité immédiate peut maintenir sur quelques
individus pendant quelques générations, mal
gré que les lois générales de l'hérédité tendent
à les ramener au type primitif ; c'est la disparition des nuances graduelles aboutissant à la
constitution d'espèces souvent séparées par
des caractères très importants. Toute l'argumentation de Darwin a eu pour but de montrer
que c'étaient là des conséquences *possibles* des

causes qu'il considère comme les agents du transformisme. Et c'est merveille de voir avec quelle sagacité il a prévenu les objections, avec quel talent il y a répondu, avec quelle profonde science il a groupé les innombrables matériaux de sa démonstration indirecte. Mais il ne suffit pas de considérer la possibilité d'une explication ; ce que la logique exige, c'est la preuve directe qui seule en établit la réalité. Or cette preuve directe fait défaut jusqu'ici à la doctrine de Darwin. »

La sélection naturelle n'est donc qu'une simple hypothèse, d'après Broca. Est-elle même une hypothèse vraiment sérieuse ? Notre savant va nous l'apprendre.

« On peut dire que cette théorie est née du besoin d'expliquer le mécanisme de la transformation des espèces, comme les théories de l'émission et de l'ondulation sont nées du besoin d'expliquer la marche des rayons lumineux, avec cette différence toutefois que, dans ce dernier cas, le phénomène physique avait été préalablement constaté par l'observation, tandis que la transformation des espèces n'est qu'une induction résultant de l'impossibilité d'admettre leur permanence, de sorte qu'on ignore entièrement les détails des faits

que l'on se propose d'expliquer, et le plus
souvent même jusqu'à l'existence de ces faits. »
— A ce langage on reconnaît le transformiste
qui a peur de l'ingérence de Dieu dans le
monde ; mais la condamnation qu'il prononce
contre le Darwinisme n'en a que plus de
poids.

Broca ajoute : « S'il était démontré que telle
espèce provient de telle autre, si l'on con-
naissait toutes les formes intermédiaires qui
ont établi la transition, alors la théorie darwinienne se trouverait en présence d'un fait particulier sur lequel on pourrait en faire l'épreuve,
et lorsqu'elle aurait subi avec un succès constant le contrôle d'un grand nombre de faits
analogues, elle cesserait d'être une pure hypothèse pour devenir une doctrine basée sur des
arguments positifs. Mais ce n'est pas ainsi
qu'elle a procédé. Elle a trouvé dans l'histoire
naturelle un certain nombre de faits généraux
qui sont incompatibles (Broca le dit, mais ne le
prouve pas) avec l'idée de la permanence de
l'espèce, qui s'accordent au contraire fort bien
avec l'idée de leur évolution, et que tout transformiste, darwinien ou autre, pourrait expliquer. Ces faits généraux, elle les a expliqués à
son tour d'une manière toujours ingénieuse,

souvent heureuse, quelquefois séduisante, mais entièrement hypothétique. »

« Pure hypothèse ; manière ingénieuse, séduisante, d'expliquer certains faits généraux ; » et ailleurs, « conjecture ; théorie d'une efficacité illusoire ; brillant mirage ; » voilà les termes par lesquels notre savant transformiste qualifie la célèbre invention de Darwin, la sélection naturelle. Après cela, je pense, M. Perrier nous permettra de ne pas nous laisser convaincre quand il nous dit : j'espère vous l'avoir démontré : des lois simples (les lois darwiniennes) ont présidé à l'évolution organique (des classes, des familles, des genres, des espèces). Si les êtres vivants sont nombreux et variés, comme le sont les phénomènes de la vie, les phénomènes de leur formation ont été régis par des lois peu nombreuses, aussi certaines et aussi précises que celles de la physique et de la chimie.

M. Perrier dit : j'ai démontré. — M. Broca répond : on ne démontre point par l'emploi d'une pure hypothèse, d'une conjecture. M. Perrier et Broca sont tous les deux transformistes par principes, tous les deux aussi en appellent à la Science positive : mais l'un dit oui où l'autre dit non. Y a-t-il lieu, devant cette science positive contradictoire, d'abaisser le drapeau de la raison sincère, loyale et ferme ? Évidemment non, et voilà pourquoi je ne puis être transformiste ; voilà pourquoi je ne puis nullement croire à l'homme-singe.

Mais il y a plus, et je vais, à la suite de Broca, énoncer une proposition paradoxale. Non seulement l'hypothèse de la sélection naturelle n'explique point convenablement l'origine et la diversité des espèces, mais elle est en complète contradiction avec les faits que nous présente l'anatomie comparée ; ou bien, si la sélection naturelle a été en jeu, elle a opéré comme aurait fait un créateur intelligent qui aurait formé les espèces directement et de prime-saut.

Broca, pour exposer son idée, prend l'exemple de la formation de l'orang-outang. Nous allons résumer, dans ses traits principaux, son argumentation.

Faisons d'abord comme une classification des caractères ou qualités que nous rencontrons dans les individus. Il y a, en effet, plusieurs sortes de caractères dans un être vivant. Les premiers sont des caractères que nous appellerons de *perfectionnement*, parce qu'ils donnent, ou nous semblent donner à l'être qui les possède une certaine supériorité : tels sont, pour l'homme, la station verticale, l'accroissement de volume du cerveau ou du nombre de ses circonvolutions, etc. Comme ces caractères de perfectionnement sont utiles et présentent un avantage pour celui qui les a, l'hypothèse darwienne pourrait, d'une manière conjecturale, c'est vrai, mais enfin satisfaisante, rendre compte de leur existence en tel ou tel groupe.

D'autres caractères sont simplement *sériaires :* leur utilité fonctionnelle nous échappe ; mais ils nous servent à mettre un ordre méthodique entre les groupes, parce que nous voyons ces caractères ou se compliquer ou se dégrader qund nous allons d'un être à l'autre. Voyons pour exemple la soudure de l'os intermaxillaire : nous la trouvons de plus en plus précoce quand nous allons des pithéciens à l'homme en passant par les anthropoïdes : ce caractère nous porte donc à placer les trois groupes dans cet ordre ascendant : pithéciens, anthropoïdes, homme. A quoi sert l'appendice cœcal ? On ne lui connait aucun usage. Encore s'il n'était point sujet à de graves accidents pathologiques ! Cet appendice va en se dégradant de l'homme aux gibbons pour disparaître chez les pithéciens ; c'est un caractère simplement sériaire. Ces caractères sériaires ne forment point un argument en faveur de la sélection naturelle, mais ils ne sont point non plus en opposition avec cette hypothèse.

Il est une troisième sorte de caractères qui n'offrent aucun avantage ou désavantage fonctionnel, et qui, d'ailleurs, dans la série des êtres, ne se développent pas dans une direction déterminée, de sorte que ni la physiologie ni la zoologie ne nous en révèlent la signification, ou n'en trouvent l'emploi. Appelons-les *caractères indifférents*. Ce n'est pas à dire, on le comprend, qu'il soit indifférent pour un être vivant d'avoir un organe de plus, ou de moins, ou constitué de telle ou telle manière; mais ces caractères sont indifférents par rapport à la question d'ordre sériaire.

Voici quelques exemples : les primates ont cinq doigts à chaque main, excepté les atèles et les colobes qui se distinguent par l'absence du pouce. L'absence de pouce demanderait que l'on plaçât ensemble ces deux genres atèles et colobes ; mais la réunion des autres caractères s'y oppose : les atèles et les colobes appartiennent à deux familles différentes. L'absence de pouce n'a donc là aucune valeur pour disposer ces êtres en série ; c'est un caractère indifférent.

Ainsi encore, l'homme et les anthropoïdes n'ont pas de queue ; mais il en est de même du magot et du cynopithèque, tous deux voisins des cynocéphales. Si l'on tient compte de l'absence de queue, il faut rapprocher de l'homme le magot et le cynopithèque ; mais ce serait briser la série naturelle. Il faut conclure que l'absence de queue est un accident que rien n'explique, qu'elle n'a aucune signification, et qu'il faut l'accepter comme un fait indifférent.

Eh bien! voilà des faits qui sont pour la théorie darwinienne une difficulté considérable, et, si l'on entre dans les détails, l'improbabilité de leur apparition par voie de sélection naturelle s'accroît à tel point qu'elle constitue souvent une véritable impossibilité.

Prenons l'orang-outang. D'après l'hypothèse darwinienne, cette forme organique vivante que nous appelons l'orang, provient d'une variation individuelle apparue chez un ancêtre, transmise par hérédité, maintenue et parachevée par la sélection naturelle.

Mais où trouver l'ancêtre de l'orang ? L'orang a, comme les pithéciens, l'os intermédiaire du carpe : cet os manque chez l'homme, le gorille, le chimpanzé ; c'est donc chez les pithéciens, ou chez un ancêtre commun aux pithéciens et à l'orang qu'il faut chercher la souche de l'orang.

Après avoir ainsi déterminé la forme originaire d'où est dérivé l'orang, voyons comment la dérivation ou l'évolution a dû se faire. D'abord j'observe que l'orang n'a pas d'ongle au gros orteil, tandis que les pithéciens, ses cousins, ont cet ongle. Comment ce caractère bizarre a-t-il pu se produire ? Quelque darwinien me répondra : un jour, certain pithécien est par hasard venu au monde sans ongle au gros orteil, et cette variation individuelle s'est perpétuée dans ses descendants, et c'est ce pithécien qui est l'aïeul de notre orang.

N'est-ce pas d'ailleurs étrange que l'accident soit, du même coup, survenu à ce pithécien à tous les pieds ? Mais avançons : ce pithécien sans ongle au gros orteil, a eu des fils, dont les uns probablement étaient comme lui privés d'ongle au gros orteil, tandis que les autres ressemblaient à leur autre parent et avaient encore cet ongle. Par le fait de la concurrence vitale et de la sélection qui en est la conséquence, l'absence d'ongle est devenue de plus en plus fréquente chez les descendants de ce premier

pithécien privé d'ongle, et un moment est arrivé
où ce caractère est devenu constant.

Mais comment l'absence d'ongle a-t-elle pu
donner prise à la sélection naturelle ? Comment
ce caractère négatif, qui ne pouvait améliorer
aucune fonction, a-t-il pu procurer aux individus qui en étaient doués, un avantage quelconque dans la lutte pour l'existence ? N'est-ce
pas même un désavantage, une infériorité qui
devait en résulter, puisque l'absence d'ongle en
faisait un pithécien moins bien armé que les
autres. Mais enfin, tout est bien qui finit bien,
notre orang a eu la chance de traverser avec
succès toutes les péripéties de l'évolution et de
la transformation, et aujourd'hui il tient hono-
rablement son rang parmi les primates, non
loin de l'homme.

Ce n'est que le commencement des difficultés. L'orang, déjà caractérisé spécifiquement
par la privation d'ongle au gros orteil, l'est
encore par l'absence du ligament rond de la
hanche. Tous les primates vivants et fossiles
ont ce ligament et son absence ne peut qu'af-
faiblir notablement l'articulation coxo-fémo-
rale.

L'apparition de ce nouveau caractère, d'après
la théorie darwinienne, serait cependant encore

due à une anomalie individuelle survenue par
hasard à un des ancêtres de l'orang, transmise
par hérédité et rendue générale et constante
dans l'espèce par sélection naturelle. Comment
la concurrence vitale et la sélection ont-elles
laissé s'établir cette disposition débilitante ?
C'est ce qu'on se demande.

Ensuite, les deux caractères, absence d'ongle
au gros orteil et absence de ligament rond, se
retrouvent chacun chez le seul orang, et chez
l'orang tous les deux à la fois ; alors nous
sommes en présence d'une triple supposition :
ou la disparition du ligament rond suivit la
disparition de l'ongle au gros orteil ; ou elle la
précéda ; ou l'ongle du gros orteil et le ligament
rond disparurent ensemble, d'un même coup,
dans le même individu. De ces trois supposi-
tions, la dernière seule a pour elle les faits, et
doit par conséquent être acceptée, comme il est
facile de le montrer.

La disparition du ligament rond ne suivit pas
la disparition de l'ongle ; car, dans cette hypothèse, nous aurions, à côté des orangs actuels,
d'autres orangs qui n'auraient plus l'ongle et
auraient encore le ligament, et il n'y a pas de
ces orangs-là, puisque tous les orangs n'ont
ni ligament rond, ni ongle au gros orteil, et que

tous les autres primates ont et le ligament rond et l'ongle au gros orteil.

Mais la disparition du ligament rond n'a pas davantage précédé la disparition de l'ongle, puisqu'il n'existe pas trace d'orangs ayant l'ongle sans avoir le ligament.

Donc, par une conséquence nécessaire, les deux caractères n'ayant pu apparaître disjointement, ont apparu conjointement, ensemble, dans le même individu, et l'ancêtre de notre orang est né affecté fortuitement d'une double anomalie, privé de ses ongles aux gros orteils, privé des ligaments ronds aux hanches.

Et ce n'est pas tout encore. L'orang présente un troisième caractère qui lui est tout aussi particulier que les deux précédents; il a les poumons indivis : chacun de ses poumons ne se compose que d'un seul lobe, disposition organique tout-à-fait sans analogue dans les ordres supérieurs de la classe des mammifères, et presque sans analogue dans les ordres inférieurs. L'homme a cinq lobes pulmonaires, trois à droite, deux à gauche; les autres primates, pithéciens, cébiens, lémuriens, ont sept lobes, quatre à droite, trois à gauche; et le seul orang a les poumons indivis, chacun d'un seul lobe.

Est-ce un perfectionnement organique d'avoir
les poumons indivis ? Alors l'orang passe avant
l'homme. Est-ce une imperfection ? Dans ce
cas l'orang prend place après les lémuriens.
Est-ce un avantage pour la lutte ? Et, si c'est
un désavantage dans la concurrence vitale,
pourquoi la sélection naturelle a-t-elle contri-
bué à fixer ce caractère dans un groupe de
primates ?

Mais laissons toutes ces questions auxquelles
le darwiniste le mieux intentionné ne peut donner nulle réponse satisfaisante, et demandons-
nous à quel moment ce caractère a pu apparaître. Est-ce avant la modification dans l'ongle
de l'orteil et le ligament rond ? Non, car nous
aurions alors des singes voisins de notre orang
dont les poumons seraient indivis, mais qui
auraient encore ongle et ligament, et il n'existe
pas de ces singes. Est-ce après la disparition
de l'ongle et du ligament ? Non encore, puisqu'il n'y a pas d'espèce voisine de notre orang
qui ait les poumons divisés en lobes, et qui
n'ait plus ni le ligament rond ni l'ongle du
gros orteil.

Mais alors il n'y a plus qu'une supposition
possible : c'est que ces trois caractères particuliers à l'orang aient apparu ensemble, soient

l'effet d'une triple anomalie simultanée qui s'est produite dans l'ancêtre de notre singe, et a été transmise par la sélection naturelle dans les générations successives, quoiqu'elle ne fût pas d'un avantage certain dans le combat pour la vie.

Nous pouvons encore pousser plus loin notre argumentation ; car l'orang est aussi le seul parmi les primates qui ait seize vertèbres dorso-lombaires. D'où lui viennent ces seize vertèbres ? Le disciple de Darwin doit répondre : de son ancêtre qui s'est trouvé les apporter à sa naissance par variation individuelle. Voilà certes, dans l'ancêtre de notre orang, un être quatre fois heureux, et bien privilégié ; il reçut à lui seul et d'une seule fois tous les caractères particuliers de l'orang : il naquit avec seize vertèbres dorso-lombaires, et privé à la fois de l'ongle du gros orteil, du ligament rond, de division dans les poumons, et avec d'autres particularités encore. N'était-ce pas l'orang lui-même ? Oui, c'était notre orang, naissant, pour ainsi parler, tout d'une pièce, sortant tout formé comme d'un moule dans lequel il aurait été coulé.

Mais, s'il en est ainsi, où est donc l'évolution lente et graduelle, la sélection naturelle à marche séculaire, épiant, pour en faire son profit, les moindres variations individuelles, et arrivant péniblement à construire, à l'aide de ces éléments glanés un à un, la forme organique complexe que nous appelons l'orang? Nous avons voulu suivre la sélection naturelle dans son travail, et l'effet a été tout autre que celui que l'on nous promettait : l'on parlait d'évolution successive, insensible; nous avons un changement subit, brusque, sans transition : l'on annonçait une transformation progressive; et nous nous trouvons en présence d'une transfiguration complète, effectuée en une seule fois, contrairement à toutes les théories darwiniennes; c'est un acte équivalent à une création directe de l'espèce. Puisqu'il faut en revenir là, à quoi bon le darwinisme avec ses lois de la concurrence vitale et de la séléction naturelle ?

La discussion dans laquelle nous sommes entrés, avec Broca, à propos de l'orang, peut se reprendre pour n'importe quelle espèce nettement limitée et bien connue. En suivant la même marche, il ne sera point difficile de montrer que l'homme ne peut procéder par évolution ou transformation de quelque forme

animale que ce soit, et que, s'il existe aujour-
d'hui, c'est qu'il a été l'objet d'un acte de création spéciale. Les caractères spécifiques, particuliers à l'espèce humaine, ne comprennent
pas seulement des points isolés, tels que
l'angle facial ; la position du grand trou occi-
pital ; l'arrangement, l'espèce et la structure
des dents ; la grandeur absolue ou relative du
cerveau ; l'ordre des circonvolutions de cet
organe ; la conformation des mains ; celle des
pieds pour la station verticale ; l'articulation
des os, des hanches, etc., etc., mais ils s'éten-
dent jusqu'au moindre détail, jusqu'au plus
petit relief, ou au plus petit creux de chacun
des os, à la forme des muscles, à la distribution
des vaisseaux et des nerfs ; à tout cet ensemble
de particularités minimes produisant un effet
encore plus frappant que les traits saillants
que l'on se plait à relever.

Eh bien ! ces caractères spécifiques et ces
particularités minimes ne sont point venues
successivement se surajouter les uns aux
autres : ils sont du même âge ; l'un n'a pas
précédé ou suivi l'autre ; ce qui le prouve,
c'est que nous n'avons pas, Virchow nous
l'affirme, de chaîne réelle continue, allant de
l'homme à la bête. Entre la bête et l'homme,

il y a solution de continuité (1); donc l'homme
n'est pas une évolution de la bête, il n'est pas
un produit de la sélection naturelle : l'homme
a été créé ce qu'il est et tel qu'il est, tout
d'une pièce et complet du premier coup, de
prima-saut.

La question à résoudre était celle-ci : la sélection naturelle peut-elle aboutir à former
l'homme-singe ? — Comment pourrait-elle
arriver à former l'homme-singe, lorsqu'elle ne
peut parvenir à nous donner même l'orang-
outang ?

(1) Voir la gravure de la page 81.

CHAPITRE VI

L'HOMME-RÉPUBLIQUE — LA GÉNÉALOGIE
DE L'HOMME-SINGE

Les aïeux de l'homme-singe à partir du grumeau primordial. — Comment un type organique complexe dérive du
grumeau primordial simple. — Les hydraires : les colonies animales. — Zoophytes, articulés, mollusques, vertébrés, ne seraient que des colonies animales. — Un
homme, à lui seul, serait toute une république ! — Heureusement Broca nous avertit que ce n'est que *comme si*...

ONSIEUR le général Faidherbe a écrit, il
y a quatre ans peut-être, une brochure
intitulée : *Essai sur la langue poul :
grammaire et vocabulaire*. En tête de son
opuscule, l'auteur a trouvé bon de mettre la
généalogie de l'homme ; nous lui empruntons
quelques renseignements.

« Il y a un grand nombre de millions d'années, nous apprend le général, nos ascendants, les premiers êtres vivants, étaient de simples masses d'albumine sans formes déterminées, s'accroissant par juxtaposition, et se multipliant par segmentation, par conséquent sans organes spéciaux. Ils acquirent d'abord la faculté de se mouvoir dans l'eau, leur milieu, par le moyen de cils vibratiles. »

Plus tard, ces petits grains d'albumine se métamorphosèrent en cellules, prirent ensuite la forme de sacs à une seule ouverture, et de progrès en progrès, en vinrent à avoir une apparence de système nerveux, des yeux rudimentaires, et des organes de reproduction, mais réunis sur le même individu, comme chez l'huître et chez beaucoup de végétaux.

Aux temps siluriens, il y a peut-être douze millions d'années, la moëlle épinière s'est perfectionnée, le corps s'est séparé en deux parties symétriques ; le crâne s'est formé ; les sexes se sont séparés ; vous ne trouvez cependant pas encore de mâchoires ni de canal digestif.

Aux temps dévoniens, de nouveaux changements se sont produits : il y a des membres, il y a des poumons.

L'époque houillère arrive, le nombre des doigts se fixe à cinq.

Pendant l'époque permienne, nos animaux prennent les uns des plumes et deviennent oiseaux, d'autres des poils et deviennent quadrupèdes terrestres, tandis que les autres conservent leurs écailles et continuent à vivre dans l'eau.

C'est aux époques triasique, jurassique et crétacée que les quadrupèdes sont doués de l'organe de l'ouïe : les mamelles se forment ; la génération vivipare apparaît, mais les petits naissent imparfaits, et continuent leur développement dans une poche ventrale de leur mère ; nos aïeux de cette période étaient ce que nous appelons des marsupiaux.

Nous entrons dans les temps tertiaires ; le placenta se forme ; les ongles se substituent aux griffes et le système dentaire se fixe à trente-deux dents.

A l'époque pliocène, nos ascendants acquièrent la station droite ; leurs mains se différencient de leurs pieds. L'être, qui n'est en ces temps-là qu'un sous-officier d'avenir dans la grande armée des singes, fournit sa carrière, fait son chemin : le voilà devenu l'homme ; donnez-lui pour le couvrir une aune ou deux de drap garance, et voilà un brave qui a dans sa giberne le bâton de maréchal.

Tout ce récit circonstancié, dans lequel nous suivons le voyageur étapes par étapes, est-ce de l'histoire ? Est-ce roman, pure fantaisie ? Quand nous nous permettons d'en rire un peu, les darwinistes nous le reprochent. Rire de la science : ne point traiter avec révérence le procédé de la sélection naturelle ! Pensez-donc. Quel crime !

M. Perrier n'a pas précisément donné à ses auditeurs de Reims une nouvelle édition de l'arbre généalogique dressé par M. Faidherbe. Après avoir fait remarquer que, « si nous partons des êtres vivants qui ont paru sur la terre sous forme de grumeaux microscopiques de nature albuminoïde, l'évolution des êtres peut être tracée d'une façon rapide, claire, saisissante », M. le professeur au Muséum de Paris s'est surtout attaché à élucider certaines difficultés qui ne manquent pas de venir à l'esprit, quand on entend exposer les merveilleux résultats de la concurrence vitale et de la sélection naturelle. Car enfin, aujourd'hui, sous nos yeux, entre nos mains, nous avons des animaux fort différents les uns des autres. Ils sont même, à notre jugement, si différents, que si, de but en blanc, l'on allait dire à un de nos agriculteurs : Toutes les bêtes nourries dans vos étables, chevaux, bœufs, porcs, poules et pigeons, avec rats et souris, toutes ces bêtes sont les descendants d'un même aïeul ; toute ces bêtes autrefois étaient la même bête ; on risquerait de n'en avoir pour toute réponse, sans respect pour la science, qu'un sourire significatif.

Et cependant voilà bien le fond du darwinisme, puisqu'il nous propose d'accepter comme point de départ de toutes les espèces le grumeau microscopique de nature albuminoïde, et prétend, par une évolution saisissante, tirer tous les êtres de ce seul petit grumeau. Quand il n'y avait que ce grumeau, tous les êtres futurs n'étaient-ils pas dans ce grumeau ?

Ce n'est pas seulement l'observation la plus vulgaire qui prévient l'esprit contre les métamorphoses étonnantes, auxquelles les darwinistes soumettent animaux et végétaux : les zoologistes aussi ont signalé dans les grands groupes d'êtres animés, dans ce que nous appelons les embranchements, de telles incompatibilités de forme et de plan qu'il leur a paru impossible, même avec la meilleure volonté du monde, de faire dériver tous les êtres d'un premier être unique. Pour Cuvier et Agassiz, il y a dans le règne animal quatre types d'organisation parfaitement distincts, et de desseins si divers qu'aucune forme de passage de l'un à l'autre ne semble imaginable. Ces quatre types, bien connus et bien définis, sont : Les *Zoophytes*, comme l'oursin, l'étoile de mer, caractérisés par une disposition rayonnée des organes ; — les *Articulés*, ver de terre, hanneton, écrevisse, formés de segments placés bout à bout ; — les *Mollusques*, huître, escargot, poulpe, dont le corps souvent irrégulier ne présente aucune trace externe de division ; — les *Vertébrés* enfin, reptiles, poissons, oiseaux, quadrupèdes, caractérisés par un squelette interne, osseux ou cartilagineux, dont la partie principale est la colonne vertébrale.

Ces quatre types, nous disent Cuvier et Agassiz, sont irréductibles l'un à l'autre : on ne peut faire provenir un vertébré d'un mollusque, ou un mollusque d'un articulé, ou un articulé d'un zoophyte ; en quelque ordre que l'on place ces types, on ne peut concevoir que l'un soit l'évolution, la transformation d'un autre ; d'ailleurs ils sont déjà des organismes compliqués, et ils ne peuvent provenir d'organismes plus simples : donc ces quatre types ont été créés tels qu'ils sont. Voilà à quelle conclusion nous mène tout droit l'admission de ces types, et ce serait faire une forte brèche au darwinisme.

M. Perrier reconnaît que la difficulté est réelle, mais il pense aussi qu'on peut la vaincre, c'est-à-dire qu'il pense qu'on peut faire sortir facilement, du grumeau, albuminoïde primitif, les quatre types si distincts qui forment les quatre embranchements. Seulement, comme la distance est énorme soit entre le grumeau albuminoïde et chacun des types, soit entre les types eux-mêmes, pourrions-nous confier au seul hasard, aidé de la concurrence vitale et de la sélection naturelle, le soin d'avoir présidé à ces formations organiques ? Ce n'est pas l'avis de M. Perrier : « On est amené, dit-il, à rechercher s'il n'existerait pas, dans les organismes inférieurs, quelque propriété générale qui permettrait de rendre compte du chemin parcouru. »

Eh bien, cette propriété générale des organismes inférieurs au moyen de laquelle on fait sortir, comme à plaisir, des primitifs grumeaux albuminoïdes, oursin, pouipe, hanneton, requin, grenouille, vautour, oiseau-mouche, mulot, cheval, homme, cette propriété extraordinaire a été dernièrement découverte :

elle consiste en ce que ces organismes inférieurs, en s'associant, peuvent donner les organismes supérieurs les plus complexes, peuvent donner l'homme lui même, de sorte que, à côté de l'étonnant *homme-singe*, nous n'avons qu'à placer le plus merveilleux encore *homme-république* : c'est le seul mot qui réponde bien à la chose comme nous le verrons bientôt. S'il était permis de parler de miracle, quand il est question de darwinisme, je dirais : la sélection naturelle nous a déjà donné des miracles; mais la nouvelle propriété des organismes inférieurs va nous montrer le miracle des miracles.

Exposons brièvement l'idée de M. Perrier, sans négliger de relater les faits, connus d'ailleurs, sur lesquels il prétend appuyer tout son édifice généalogique des espèces animales et végétales.

M. Perrier part de l'étude, de l'observation de l'hydre d'eau douce ; faisons comme lui. Donc, l'hydre de nos eaux douces, verte ou brune, a la forme d'un sac dont l'unique ouverture est entourée de longs bras. En nous reportant à l'arbre généalogique proposé par M. Faidherbe, cette modification en forme de sac du primitif grumeau albuminoïde serait très ancienne, remonterait aux temps cambriens ou laurentiens. L'hydre se multiplie de trois manières : d'abord par des œufs : ensuite par division mécanique; si on la coupe en plusieurs morceaux, les morceaux réparent leurs pertes et deviennent des individus complets : enfin par gemmation ou bourgeonnement, à la manière de nos arbres qui donnent des bourgeons et de nouvelles branches. C'est ce dernier mode de multiplication qu'il importe de considérer dans la question présente.

Vers la partie inférieure du sac qui compose tout le corps de l'hydre, on voit se former des bosselures; bientôt ces sortes d'ampoules se percent d'un orifice extérieur qui s'entoure de bras. Nous avons une jeune hydre fixée sur le corps de sa mère, comme une branche sur un arbre (voir fig. 1). Tout le temps que le rejeton reste uni à son parent, les cavités digestives communiquent; chacun des êtres mange pour les deux. Supposez, ce qui arrive souvent d'ailleurs, que de nouveaux bourgeons se développent, vous aurez une mère hydre portant, comme une couronne de fécondité, toute une colonie formée de ses enfants (voir fig. 2). Chez l'hydre, la vie en colonie ne dure pas longtemps; les rejetons se détachent de leur

mère, deviennent libres, et vont recommencer,
pour leur part, la même série de multiplication. L'histoire de l'hydre nous fait entrevoir

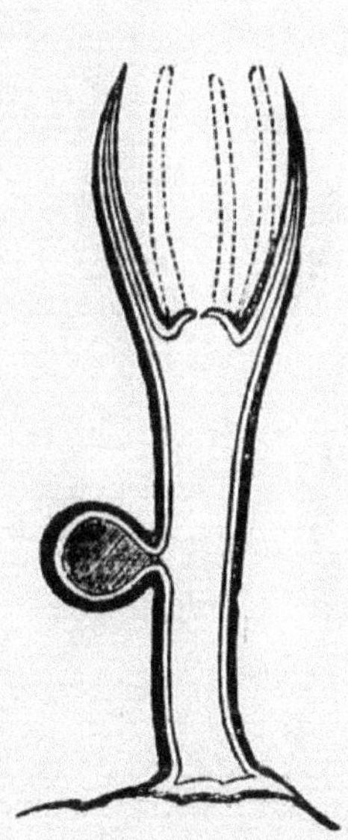

FIG. 1.
Coupe d'une hydre d'eau
douce, sur laquelle est née une
ampoule, rudiment d'une jeune
hydre qui se développera sur le
corps de l'hydre-mère.

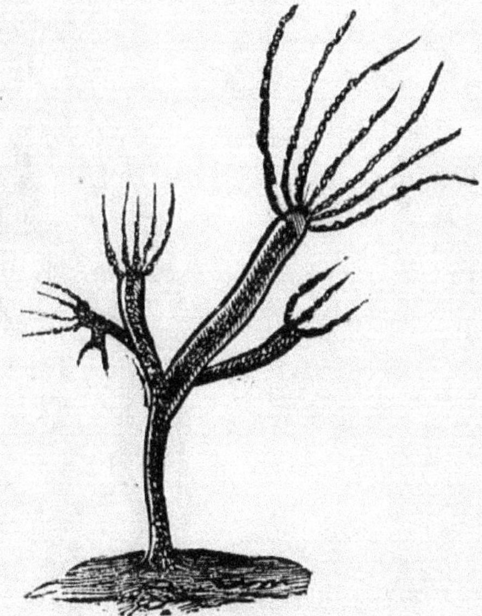

FIG. 2.
Hydre d'eau douce sur la-
quelle se sont développées, par
bourgeonnements, plusieurs petites hydres, qui constituent une
colonie.

que la vie en association coopérative est possible et rentre dans le cadre des opérations de
la nature.

Faisons un pas de plus. Il y a des hydraires

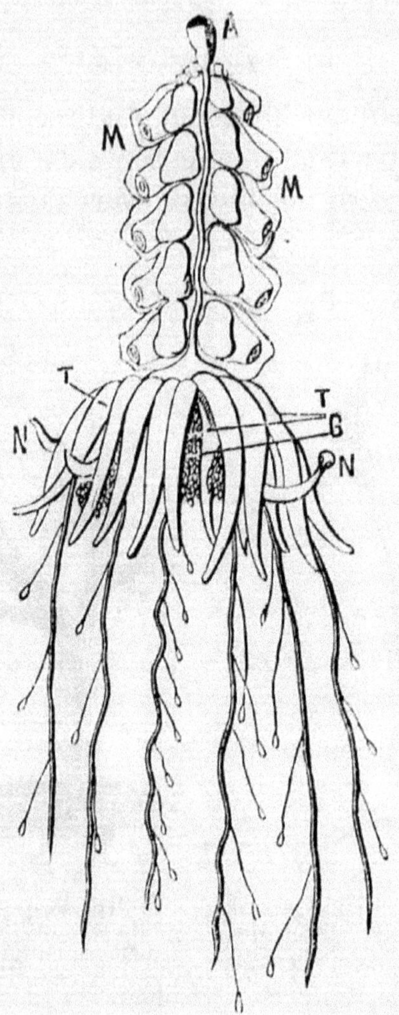

FIG. 3.

Siphonophore, espèce d'hydraire formant une colonie où
les fonctions sont réparties entre plusieurs individus :

A, vésicule natatoire, réservoir d'air ; M, individus nageants, organes de locomotion ; T, individus sentants, organes du tact ; G, individus produisant les œufs, organes de la génération ; N, individus
chargés de l'absorption de la nourriture et de la digestion, organes
de la nutrition.

chez lesquels persiste toujours la vie en commun, la vie en colonie. Mais alors le spectacle devient fort intéressant : des modifications importantes sont introduites dans cette réunion d'individus destinés à passer ensemble leur existence. Quelques individus de la colonie prennent des formes particulières, pour être aptes à remplir des fonctions spéciales qui leur sont dévolues; ainsi les uns sont faits pour exercer la fonction de manger, d'autres la fonction de nager, d'autres la fonction de donner des œufs; dans certaines colonies permanentes on a ainsi jusqu'à sept formes individuelles différentes. Il se fait entre les associés, remarque M. Perrier, une division du travail physiologique, et chaque individu, pour être approprié au service qu'il doit rendre, prend une forme spéciale, et comme la figure de son emploi.

Comme conséquence de cette induction, on voit ressortir l'idée théorique de M. Perrier. Un animal, comme l'oiseau, le quadrupède, le hanneton, le poisson, mange, marche, donne des œufs ou des petits. N'est-ce pas aussi une colonie, dans laquelle les individus se sont associés d'une manière plus intime que chez les hydraires? Nous arrivons donc tout naturellement à cette proposition générale, que M. Perrier nous donne comme un axiome de haute science : « Tous les animaux supérieurs, tous ceux qui présentent un type déterminé, ne sont que des colonies d'organismes primitivement distincts, nés les uns des autres et diversement associés, modifiés et fusionnés de manière à former une nouvelle unité, une individualité d'une nouvelle espèce. »

Qu'est une plante ? Qu'est un animal ? Qu'est l'homme lui-même ? Plante, animal, homme, sont des agglomérations en société de myriades de cellules dont chacune a sa vie propre, mais qui toutes mettent en commun leurs fonctions ; toutes ces cellules d'un même organisme proviennent d'une cellule unique, l'œuf, qui les a produites par une série d'innombrables bipartitions successives, comme l'hydre, par ses gemmations successives, multiplie ses rejetons. Chacune de ces cellules se comporte comme un des individus spéciaux d'une colonie d'hydractinies, etc. Quand je disais que nous arriverions à l'homme-république, je ne m'avançais guère trop, il me semble. Cette expression pouvait paraître prétentieuse, elle est justifiée. Qu'est-ce que l'homme ? Un organisme-colonie, dans lequel un des associés est la tête, l'autre une partie du tronc, etc., comme, d'ailleurs, on va nous l'expliquer plus amplement.

A la lueur du principe précédemment posé, vous allez voir combien il est facile de faire dériver n'importe quel type organique des grumeaux albuminoïdes primitifs. Il n'y avait donc d'abord que ces grumeaux albuminoïdes. Comment se trouvaient-ils là ? Par création ? ou par génération spontanée? On ne nous en dit rien. D'après quelques paroles, on peut croire que M. Perrier attribue leur existence à une création, à un acte surnaturel par conséquent, et non point au simple jeu des forces physiques et chimiques. Quoi qu'il en soit, ces grumeaux primitifs, se modifiant, devinrent des cellules renfermant un noyau; les cellules, à leur tour, se multipliant et demeurant associées, formèrent de petits organismes-colonies très-simples dont les hydres d'eau douce, les nauplius, la fameuse gastrula d'Hæckel sont des exemples.

Parmi ces animaux, les uns nageaient, les autres étaient fixés par un point au sol sous-marin, d'autres enfin rampaient au fond des mers. Ces détails sont loin d'être insignifiants : ils exigent même que nous les considérions avec la plus grande attention, car ils vont nous mettre sur la voie de la formation des types zoophyte, mollusque, articulé, vertébré. Voyez, en effet, comment les choses ont dû se passer :

Les animaux qui nageaient librement, ou qui n'étaient fixés que par un point au sol, pouvaient, comme l'hydre, émettre des bourgeons sur tout le pourtour de leur corps ; les associés se multipliaient suivant ce plan rayonné ; nous tenons donc le type primitif des zoophytes, oursins, étoiles de mer, méduses, polypes et autres.

Les animaux qui rampaient sur le sol ont été le point de départ des trois autres embranchements. Ils rampaient ; ils avaient donc une face ventrale et une face dorsale, un côté droit et un côté gauche : le bourgeonnement devait se localiser à l'avant et à l'arrière de l'animal primitif, et la colonie, dont cet animal primitif était le fondateur, prenait la forme linéaire. Ainsi, dans la chenille le corps est divisé en segments, et vous avez autant de segments qu'il y a d'animaux élémentaires formant cet organisme-colonie.

« Dans une colonie linéaire ainsi constituée, nous dit M. Perrier, les rapports entre les organismes composants sont plus étroits qu'ailleurs : la solidarité est telle qu'aucun des membres de la colonie ne peut accomplir un mouvement sans que tous ses compagnons en soient avertis. Une telle colonie doit donc avoir une tendance à se constituer rapidement en organisme, et cette tendance est d'autant plus grande que la colonie est libre, et l'indépendance favorise singulièrement le développement de la personnalité. » M. Perrier n'a pas daigné nous en apprendre davantage sur la métamorphose qui s'opère dans un organisme-colonie en train de passer à l'état de *personne-humaine*. J'avoue bien sincèrement ma complète incompétence en cette question. Le lecteur peut donner libre carrière à son imagination; l'indépendance favorisant le développement de la personnalité, c'est peut-être le meilleur moyen d'indiquer une solution quelconque. Grands mots, qui ne disent rien!

Quoiqu'il en soit, qu'est-ce que la tête dans l'organisme complexe ? C'est un des individus associés qui, à raison de sa position, joue un rôle spécial, et est doué de qualités en rapport avec ce rôle : il détermine le sens dans lequel marche la colonie, explore pour elle le terrain, découvre sa nourriture et s'en empare. « Le premier individu a donc un rôle particulièrement actif : sur lui doivent se concentrer et se

développer, outre la bouche, les organes des
sens à peu près inutiles à ses compagnons
qu'il entraîne. » On se demanderait peut-être
pourquoi les yeux, la bouche, les oreilles, fixés
où on les trouve ? La grande raison pour
laquelle ces organes se trouvent à la tête, c'est
que la tête est le premier individu de la colonie
linéaire, et à ce titre il est mieux partagé que
le deuxième et le troisième. D'ailleurs, si le
second était premier, il aurait ce que le premier a maintenant. Ainsi, dans une république, tous les individus ne peuvent être à
la fois présidents, tous ne peuvent être à la
fois ministres. Qui se serait attendu à rencontrer dans la question de l'homme-singe un
argument qui montre que dans une république tout le monde ne peut pas être également riche ? Tous les individus de la colonie
linéaire peuvent-ils être simultanément la tête ?
Evidemment non.

Maintenant, selon M. Perrier, tout est clair
dans l'évolution de la série organique. D'où vient
le lombric ou ver de terre ? Il vient d'une colonie
linéaire ; les tronçons dont est formé son corps
indiquent encore les individus associés de la colonie. D'où viennent le mille-pieds, le hanneton,

le papillon, le homard, l'araignée ? D'autant de colonies linéaires.

D'où viennent les vertébrés? Ici recueillons la réponse textuelle de M. Perrier: «On peut considérer aujourd'hui comme acquis que les vertébrés sont, eux aussi, des animaux annelés, et n'étaient primitivement par conséquent que des colonies linéaires ; leurs vertèbres sont comme les derniers restes de l'annulation primitive. Les vertébrés sont issus des colonies linéaires, non en raison de l'intervention d'un mode particulier d'existence, mais comme conséquence d'un principe physiologique constant : *l'accélération embryogénique* dans les colonies hautement individualisées. »

Enfin voici la conclusion générale : « Ainsi la faculté générale chez les animaux inférieurs de se reproduire par voie de bourgeonnement et de former des colonies, l'influence du genre de vie de chaque fondateur de colonie sur la disposition des parties constituant celle-ci, la transformation des colonies en individualités autonomes, la tendance de l'œuf des animaux sociaux à reproduire de plus en plus vite les colonies dont ils font partie, voilà les causes de cette splendide évolution organique dont nous sommes le récent chef-d'œuvre. »

Et l'homme d'où vient-il ? Mais M. Perrier vient de nous l'apprendre. Nous sommes le dernier terme d'une splendide évolution ; nous sommes un organisme-colonie-linéaire dont il faut chercher le père et le fondateur parmi les animaux cellulaires qui, à l'époque laurentienne, rampaient tant bien que mal sur le fond vaseux des mers.

Voilà l'homme tel que nous le livrent nos savants ! Voilà les imaginations que l'on donne pour de la haute philosophie scientifique, même devant un auditoire de chrétiens ! Voilà les inventions humaines que l'on prétend substituer au récit si naturel, si lumineux, si philosophique de nos Livres saints ! En lisant ces récits fabuleux de la formation de l'homme par le moyen d'une colonie-linéaire longuement élaborée, qui pourrait s'empêcher de penser à ces paroles de l'Ecriture : *Testimonium Domini fidele, sapientiam præstans parvulis* (Ps.). — *Vani autem sunt omnes homines, in quibus non subest scientia Dei* (Sagesse). Haute justice de Dieu, qui se plaît à laisser la science superbe s'égarer dans d'illusoires systèmes, tandis qu'elle initie aux sublimes conceptions de la sagesse l'intelligence de l'enfant ! Rien ne doit plus nous consoler, nous autres pauvres croyants, que de voir tout ce qu'il y a de crédulité dans ces têtes savantes qui ont repoussé la science divine.

Mais enfin la preuve que tout s'est passé comme vous le dites? La preuve que nous ne sommes que des colonies linéaires hautement individualisées sous l'action du principe de l'accélération embryogénique? Oui, laissez les grands mots et donnez quelque bonne raison.

La preuve, me répond-on, la preuve? mais elle est palpable: c'est que dans mon système tout s'explique; avec ma théorie la grande synthèse de la nature se trouve faite: aucun grand fait, comme aucun détail, aucune origine d'espèce, comme aucune extinction d'espèce n'échappe à mes explications. Et cette théorie, qui rend compte de tout, ne serait qu'un leurre, un brillant mirage? Où serait alors la science? etc.

Voilà tous les arguments que l'on nous donne. Broca, pour le citer une dernière fois, a résumé en un mot caractéristique cette manière d'argumenter; *c'est comme si*. Jetons un regard sur la nature vivante; *c'est comme si* les espèces avaient été produites par sélection naturelle; *c'est comme si* les zoophytes étaient dérivés de colonies radiaires ; *c'est comme si* les vertébrés devaient leur origine à des colonies linéaires.

C'est comme si, dites-vous : mais vos adversaires avec autant d'apparence de raison disent le contraire : *c'est comme si* la sélection naturelle n'avait nullement été l'agent de la transformation des êtres et de la formation des espèces ; *c'est comme si* les espèces ne dérivaient aucunement les unes des autres ; *c'est comme si* les types organiques n'avaient, entre eux, aucun lien de parenté : *c'est comme si* les espèces avaient été successivement créées, en parfaite indépendance les unes des autres.

C'est comme si est peut-être bien séduisant : mais ne nous laissons pas éblouir, il n'y a point là le plus petit argument qui appuie ces brillantes idées. Nions-nous qu'il y ait des colonies animales, les unes temporaires, les unes perpétuelles ? Nullement. Nions-nous que dans ces colonies, quelquefois associées fort intimement, comme sont probablement les tænias adultes, chaque membre ait sa fonction et soit outillé en conséquence ? Point du tout. Nions-nous que dans un animal très complexe, un animal supérieur comme l'on dit, la cellule soit vivante? nous nous en gardons bien. Mais alors que nions-nous de l'hypothèse de M. Perrier?

Nous nions que dans un individu comme l'oiseau, le bœuf, le cheval et l'homme aussi, il y ait autant de vies distinctes qu'il y a de cellules, que ces organismes soient des associations coopératives. Il n'y a qu'une vie dont vivent toutes les cellules ; donc il y a un seul être, et non point une réunion de collaborateurs travaillant à un même dessein. Nous nions que, de ce qu'il y a des colonies animales, il soit légitime de conclure que tout animal est une colonie, que tout animal ne soit qu'un organisme-colonie. Nous nions que tous les moyens naturels possibles, accélération embryogénique ou autres, puissent développer la personnalité, constituer l'homme enfin. Nous nions légitimement, parce qu'on se dispense, même en invoquant la science, de nous donner des preuves de ce qu'on avance ; parce qu'on ne nous donne absolument aucune preuve. Nous nions parce que la cause conjecturale que l'on met en jeu est une simple hypothèse ; nous nions encore parce que l'hypothèse introduite, ne peut subir le contrôle des faits : elle ne les explique pas; elle est

10.....

même en contradiction avec eux, puisque par son jeu, on ne peut même arriver à tirer un singe d'un autre singe, l'orang d'un pithécien.

Broca a dit de la sélection naturelle : ce n'est qu'un brillant mirage. Tout ce que M. Perrier a ajouté à la sélection naturelle, à l'hypothèse, ne lui donne pas plus de réalité; elle reste, comme auparavant, un mirage trompeur.

ÉPILOGUE

L'homme existe : c'est le fait. — L'homme ne doit son origine ni à la génération spontanée, ni à l'évolution progressive des espèces animales. — La seule vraie histoire de l'origine de l'homme nous est donnée, sous l'autorité de Dieu lui-même, notre Créateur, au premier chapitre de la Genèse.

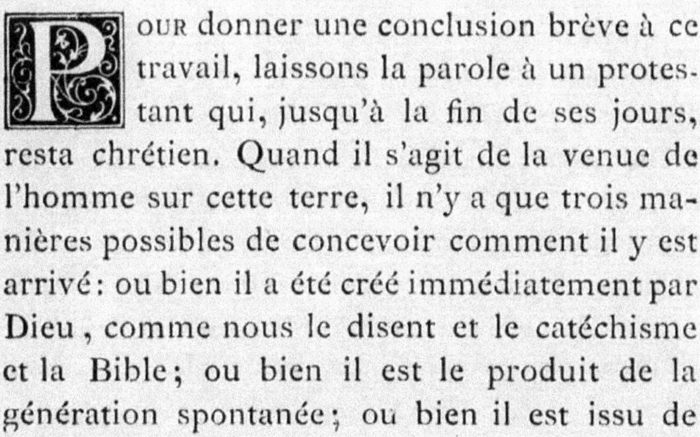

POUR donner une conclusion brève à ce travail, laissons la parole à un protestant qui, jusqu'à la fin de ses jours, resta chrétien. Quand il s'agit de la venue de l'homme sur cette terre, il n'y a que trois manières possibles de concevoir comment il y est arrivé : ou bien il a été créé immédiatement par Dieu, comme nous le disent et le catéchisme et la Bible ; ou bien il est le produit de la génération spontanée ; ou bien il est issu de

l'heureuse transformation de quelque bête,
singe ou autre. La vérité est que l'homme
a été créé immédiatement par Dieu; la génération spontanée, la transformation d'une
bête en homme ne sont que des rêveries
indignes de tout esprit vraiment ami de la
science. M. Guizot va se charger de nous le
montrer. (*Méditations sur l'essence de la
religion chrétienne : Création*).

« Il est certain, dit-il, que l'homme n'a pas
toujours existé sur la terre. L'homme a donc
commencé; l'homme est venu sur la terre.
Comment y est-il venu ? Ici les adversaires du
dogme de la création se divisent : les uns af-
firment les générations spontanées, les autres
la transformation des espèces. Selon les uns,
la matière possède dans certaines circonstances, et par le seul développement de ses
propres forces, le pouvoir de créer des êtres
animés. Selon les autres, les diverses espèces
d'êtres animés qui ont existé aux diverses
époques et dans les divers états de la terre, dérivent d'un petit nombre de types primitifs qui
ont possédé, grâce à des millions ou des mil-
liards de siècles, le pouvoir de se développer
et de se perfectionner de manière à se transformer en espèces supérieures. D'où ils con-

cluent, plus ou moins timidement, que l'espèce humaine est le résultat d'une transformation ou d'une série de transformations semblables. »

Le système de la génération spontanée d'abord : « Quand même les partisans de la génération spontanée pourraient alléguer certaines expériences dont l'erreur ne serait pas encore reconnue, la première apparition de l'homme ne s'expliquerait pas mieux par cette voie... Ce mode de production ne pourrait, n'aurait jamais pu produire que des êtres enfants, à la première heure et dans le premier état de la vie naissante. Personne n'a jamais dit et personne ne dira jamais que, par la vertu d'une génération spontanée, l'homme, c'est-à-dire l'homme et la femme, le couple humain, ont pu sortir et qu'ils sont sortis un jour de la matière, tout formés et tout grands, en pleine possession de leur taille, de leur force, de toutes leurs facultés, comme le paganisme grec a fait sortir Minerve du cerveau de Jupiter. C'est pourtant à cette condition seulement, qu'en apparaissant pour la première fois sur la terre, l'homme aurait pu y vivre, s'y perpétuer et fonder le genre humain. »

« Se figure-t-on le premier homme naissant à l'état de la première enfance, vivant, mais

inerte, inintelligent, impuissant, incapable de
se suffire un instant à lui-même, tremblotant
et gémissant, sans mère pour l'entendre et
pour le nourrir! C'est pourtant là le seul premier homme que le système de la génération
spontanée puisse donner. Évidemment, ce
n'est pas ainsi qu'est venu sur la terre le genre
humain! »

Le premier homme, s'il est issu de la bête
par l'effet de quelque transformation, n'a guère
dû se trouver en meilleures conditions qu'un
premier homme produit par génération spontanée. Cependant, contre le système de la
transformation des espèces, et contre l'utopie
de l'homme-singe, M. Guizot ajoute :

« Quand on a essayé de transformer arti-
ficiellement les animaux par des croisements
entre les espèces voisines, on n'a obtenu que
des modifications qui, après deux ou trois
générations, ont été frappées de stérilité, comme
pour attester l'impuissance de l'homme à accomplir, par la transformation progressive des
espèces existantes, la création d'espèces nouvelles. L'homme n'est point un singe trans-
formé et perfectionné par une fermentation
obscure des éléments naturels et à force de
siècles : cette prétendue explication de l'ori-

gine de l'espèce humaine n'est qu'une hypothèse, fruit d'une imagination facile à séduire
par des conjectures ingénieuses que lui suggère le spectacle mal compris de la nature,
et qu'elle sème à travers des évènements
inconnus et des temps infinis qu'elle charge
de réaliser ses rêves. Fermement maintenu
par M. Cuvier, M. Flourens, M. Coste,
M. de Quatrefages et tous les observateurs
sévères des faits, le principe de la diversité
radicale et de la permanence des espèces reste
dominant dans la science comme dans la
réalité. » Ainsi parle M. Guizot.

La génération spontanée étant éliminée
comme impossible, et ce rêve sans réalité que
l'on nomme la transformation des espèces
n'ayant point eu la puissance de donner l'existence à l'homme, il ne reste qu'à proclamer,
au nom de la logique et de la saine raison,
que l'homme vient de Dieu, est l'œuvre d'une
création spéciale de Dieu. C'est la réponse
que nous donnons à cette question importante :
d'où vient l'homme ?

D'où vient l'homme ? Oui, l'homme vient de
Dieu. Nous tous, catholiques, nous l'avons
appris dès nos plus tendres années ; nous le
savons d'une manière indubitable et tout-à-fait

certaine. Avec notre catéchisme, dans lequel est résumé l'enseignement que le Souverain Maître du monde a voulu lui-même nous donner, nous disons sans crainte aucune de nous tromper : l'homme a été créé immédiatement par Dieu. Ainsi, à un moment donné de l'histoire du monde, il y a quelque six, huit ou dix mille ans, il n'y avait encore sur la terre, en faits d'êtres vivants, que des plantes et des animaux. Alors Dieu intervint directement pour donner par lui-même, par un acte spécial de création, l'existence au premier représentant de notre humanité. « Faisons l'homme, disait le Seigneur Dieu créateur, à notre image et à notre ressemblance ; qu'il commande aux poissons de la mer, aux oiseaux du ciel, aux bêtes de toute la terre et à tous les reptiles qui se meuvent sur la terre. » (*Genèse* I). L'homme au milieu des animaux n'est donc pas comme le premier parmi ses pairs : il n'y est point davantage comme le président d'une assemblée que la voix de ses collègues, ou son audace, aurait tiré des rangs pour le faire monter au fauteuil. Les animaux existaient : l'homme n'a pas été pris parmi eux, il est venu d'ailleurs. L'homme a reçu directement et sans intermédiaire son existence de Dieu créateur.

L'homme non plus n'a pas été fait sur le modèle de la bête, n'a pas été coulé dans le moule de l'animal : car il est encore écrit au Livre de Vérité : « Dieu créa l'homme à son image. » — « Le Seigneur Dieu forma lui-même le corps de l'homme du limon de la terre, et il répandit sur son visage un souffle de vie en unissant à ce corps une âme raisonnable, et ainsi l'homme devint animé, vivant. » — « Il le créa à l'image de Dieu, et il les créa homme et femme. »

Au commencement donc, quand l'homme reçut l'existence, ils furent deux êtres humains seulement, les deux premiers représentants de l'humanité. Cependant, tout d'abord, il n'y en eut qu'un, le premier homme, Adam seul, créé par Dieu. Et ce premier homme, Adam, n'était point un ignorant; créé à l'image de Dieu, Adam avait la science humaine à l'image de la science de son Créateur. Aussi le Seigneur Dieu amena devant Adam tous les animaux terrestres et les oiseaux du ciel afin que le premier homme, constitué leur maître, leur donnât à chacun leur nom, et le nom qu'Adam imposa à chacun des animaux est leur nom véritable. Adam appela donc tous les animaux d'un nom qui leur convenait. Mais parmi tous ces animaux il ne se trouva point d'aide pour Adam qui lui fût semblable. » (*Genèse* II). Ainsi ni le premier homme ni la première femme ne viennent des animaux, ni d'entre les animaux.

Le premier homme reçut immédiatement du Seigneur Dieu et son corps et son âme : mais Dieu voulut que la première femme dût quelque chose de son être au premier homme. « Le Seigneur Dieu envoya donc à Adam un profond sommeil, et, lorsque Adam était endormi, Dieu prit une des côtes du premier homme et mit à la place de la chair ; et le Seigneur Dieu, de la côte qu'il avait tiré d'Adam, forma le corps de la femme et à ce corps ayant uni une âme, il l'amena à Adam. Alors Adam dit : « Voilà maintenant l'os de mes os et la chair de ma chair ; c'est pourquoi celle-ci s'appellera d'un nom qui marque qu'elle vient de l'homme, parce qu'en effet elle a été prise de l'homme. C'est pourquoi l'homme quittera son père et sa mère et s'attachera à sa femme. » (*Genèse* II).

Telle est l'histoire de l'apparition de l'homme sur la terre ; Adam, seul d'abord ; la première femme ensuite, et avec le premier homme et la première femme la constitution du premier foyer domestique, de la première famille humaine. Mais le Seigneur Dieu créateur est partout directement et immédiatement ; c'est le Seigneur Dieu lui-même qui crée le premier homme à son image et à sa ressemblance : c'est le Seigneur Dieu lui-même qui donne l'existence à la première femme ; c'est le Seigneur Dieu lui-même qui établit la première famille. De ce qui est l'homme, la femme, la famille, tout vient d'en haut, excepté la pincée de limon dont le Tout-Puissant a voulu se servir pour former le corps d'Adam. Mais de ce qui est en Adam ou dans sa compagne, rien n'est fait sur le modèle de la bête, rien n'est ajusté sur des proportions dont la bête aurait fourni l'esquisse ou l'idéal.

Aussi comme l'homme est beau ! comme l'homme est grand ! Et que nous aimons tous à redire avec un grand Roi qui avait bien compris la dignité de l'homme : « Qu'est-ce l'homme, ô mon Dieu, pour que vous vous souveniez de lui ? Qu'est-ce que le fils de l'homme pour que vous le visitiez ? Vous l'avez un peu abaissé au-dessous des anges : vous l'avez couronné de gloire et d'honneur : vous l'avez établi sur les ouvrages de vos mains ; vous avez mis toutes choses sous ses pieds ; vous lui avez assujetti toutes les brebis et tous les bœufs, et même les bêtes des champs, les oiseaux du ciel et les poissons de la mer qui se promènent dans les sentiers de l'Océan. Seigneur, notre Dieu et Souverain Maître, que votre nom est admirable par toute la terre ; que votre puissance, votre sagesse et votre bonté y paraissent avec éclat ! » Et comme pour venger contre la Science prétentieuse, bien des siècles à l'avance, le modeste enseignement de notre catéchisme qui donne largement et sûrement la simple vérité aux petits comme aux grands, aux illettrés comme aux lettrés, le Prophète Roi ajoute : « Et ce n'est point seulement l'homme fait et le philosophe qui proclame ainsi votre gloire : mais au jeune âge aussi vous vous êtes fait connaître : de la bouche des enfants, de ceux qui ne sont encore qu'à la mamelle, vous avez tiré la louange la plus parfaite pour confondre vos adversaires, ô mon Dieu, et, par le témoignage de ces âmes candides et franches, convaincre d'ignorance ces esprits orgueilleux qu'animent contre vous la haine et la vengeance. » *(Psaume VIII.)*

TABLE DES MATIÈRES

FIN DE LA TABLE

LA CONTROVERSE

Revue des Objections et des Réponses

EN MATIÈRE DE RELIGION

Paraissant le 1er et le 16 de chaque mois

CONDITIONS DE L'ABONNEMENT

France et Algérie : | Union postale, Etats-Unis et Canada :
Un an, **15** fr. — 6 mois, **8** fr. | Un an, **18** fr. — Six mois, **10 fr.**

La Guadeloupe, la Réunion : **22** fr. ; Indes orientales et pays
d'outre-mer : **25** fr.

But de la *Controverse*

Les ennemis de la religion nous reprochent sans cesse de ne pas connaître leurs arguments, ou de faire semblant de les dédaigner, parce que nous sommes incapables de les résoudre ; de n'opposer à leurs raisons que des railleries ou des phrases retentissantes, mais creuses. Ils nous accusent, en un mot, de refuser le combat sur le champ de bataille de la science.

Cette accusation n'est pas justifiée, et les catholiques, certains de posséder la vérité, ne reculent pas plus sur les champs de bataille de la science que sur les autres ; en matière de sciences naturelles et de sciences exactes, d'histoire, de théologie, d'exégèse, de philosophie, de linguistique, de littérature et d'art, ils ne le cèdent pas à leurs adversaires.

Mais il est vrai qu'un assez grand nombre d'entre eux, d'ailleurs instruits, ne peuvent pas répondre aux objections des incrédules. La raison en est qu'ils manquent des moyens nécessaires pour connaître les réponses données à ces difficultés par la science catholique.

Ces réponses, en effet, sont disséminées dans une multitude de livres, de brochures, de journaux, de mémoires et d'autres publications de toute nature. Pour se tenir au courant, il faut donc beaucoup de temps, beaucoup d'argent, et même un assez grand nombre de connaissances spéciales, conditions qui se trouvent rarement réunies.

La Controverse a pour but d'obvier à cet inconvénient, en offrant à bas prix un résumé *clair*, mais surtout très solide et très impartial, des objections faites aujourd'hui contre la vérité religieuse et des solutions qui leur sont données.

Rédaction de la *Controverse*

La Controverse a fait appel au concours d'un grand nombre de savants catholiques dont le nom, pour la plupart, fait autorité même auprès des adversaires. Cet appel a été entendu. Qu'il nous suffise de dire ici que *La Controverse* compte parmi ses rédacteurs plusieurs

professeurs de l'Université de Louvain, notamment :
MM. de Harlez, Ph. Gilbert, Lefèbve, Lamy ; les
RR. PP. de Bonniot, Brucker, Haté, Desjacques, de
la Compagnie de Jésus ; MM. Valson, doyen de la
Faculté catholique des sciences de Lyon ; Hamard,
Vigouroux, Arduin, Lecomte, Jean d'Estienne, un
exégète célèbre qui, par modestie, ne veut pas être
nommé ici, etc., etc. Nous ne citons que les savants
connus, dont les travaux ont paru ou vont immédiatement paraître dans *La Controverse* ; d'autres, pour
le moins égaux en réputation et en talent, préparent
des travaux qui seront publiés un peu plus tard.

Après les articles de fond, le lecteur trouve dans
chaque livraison une critique des objections et des
réponses les plus intéressantes publiées dans les autres
revues françaises ou étrangères, ainsi que les som-
maires des plus importantes publications périodiques.
Enfin des gravures, accompagnant les discussions
scientifiques, ajoutent un nouvel attrait à l'étude,
déjà si intéressante par elle-même, des questions religieuses du moment.

La Controverse est imprimée en caractères elzéviriens, et publie par mois deux livraisons de chacune
64 pages, soit, par an, deux magnifiques volumes de
750 pages.

Public auquel s'adresse la *Controverse*

Dans le clergé, *La Controverse* convient à tous les
prêtres, mais spécialement à ceux que leurs goûts ou
leurs fonctions portent à l'étude des objections faites

aujourd'hui par les savants incrédules, et à ceux que leur position met en rapport avec les classes les plus élevées de la société.

Parmi les laïques, elle convient surtout aux catholiques instruits : médecins, magistrats, avocats, ingénieurs, grands propriétaires, grands industriels, professeurs, etc. Telles sont les indications que nous fournissent nos listes d'abonnés.

La Controverse convient aussi à un certain nombre de femmes qui ont à cœur de se tenir au courant du mouvement intellectuel en matière de religion, ou qui cherchent à mettre sous la main de leur mari ou de leurs fils des réponses solides à ces sophismes qui, aujourd'hui, sous les dehors usurpés de la science, troublent tant d'esprits et ruinent la foi dans un si grand nombre d'âmes.

Adresser les demandes d'abonnement, avec le montant du prix ou l'indication de l'époque à à laquelle on s'engage à payer, soit à MM. VITTE ET PERRUSSEL, Lyon, 3, place Bellecour, soit à M. le DIRECTEUR DE LA NOUVELLE LIBRAIRIE, Paris, 14, rue de la Sorbonne.

BIBLIOTHÈQUE

DE LA CONTROVERSE

Parmi les objections faites aujourd'hui contre la religion par les savants incrédules, il en est qui méritent une attention toute spéciale, soit parce qu'elles sont très répandues, soit parce qu'elles sont véritablement difficiles à réfuter. Il importe à la défense de la vérité que l'exposé et la solution de ces difficultés soient mis, avec un soin particulier, à la portée du public. C'est le motif qui nous a déterminés à publier en volume quelques-unes des questions traitées dans la revue de la *Controverse*.

Un volume de petit format, imprimé sur beau papier, est plus commode, se lit avec plus de plaisir et circule plus facilement que la collection d'une revue. De plus, les volumes étant indépendants les uns des autres, chacun peut, à son gré, choisir dans la collection les questions dont l'étude, à raison de ses goûts ou de sa position, lui convient particulièrement.

Tous les ouvrages de la *Bibliothèque de la Controverse*, à l'exception de ceux qui traiteront de questions purement philosophiques, seront ornés de gravures scientifiques, de *fac-simile* de textes anciens, de reproductions de bas-reliefs, de monuments, en un mot, de tout ce qui peut servir à l'intelligence du texte et à l'agrément de la lecture.

S'il plaît à Dieu, toutes les principales questions, qui font l'objet des discussions entre les savants catholiques et les savants incrédules, entreront successivement dans cette collection. Elle a donc sa place marquée dans toutes les bibliothèques sérieuses : dans les bibliothèques des établissements d'instruction, dans celle du prêtre, du magistrat, du médecin, de l'ingénieur, du professeur, du grand propriétaire, etc.

Les volumes, imprimés sur papier vergé, en caractères elzéviriens, seront vendus à un prix très modéré.

En vente : **Les Nouvelles bases de la Morale**, d'après M. Herbert-Spencer, par M. Elie Blanc, professeur de philosophie scholastique aux Facultés catholiques de Lyon. On répète sans cesse, que la science, sans la religion, suffit à donner des bases et des règles à la morale. Le lecteur trouvera, dans cet opuscule, l'exposé impartial et la critique des nouvelles bases que propose M. Herbert-Spencer, le chef de l'Ecole qui prétend remplacer l'ancien système de morale par un système nouveau.

Prix **1 fr. 50**; *franco* par la poste **1 fr. 70**.

Cet ouvrage est en vente aux bureaux de la *Controverse*.

Adresser les demandes à MM. Vitte et Perrussel, 3, place Bellecour, à Lyon, ou à M. le Directeur de la Nouvelle librairie, Paris, 14, rue de la Sorbonne.

Pour la vente en gros, s'adresser à MM. Vitte et Perrussel

3696.—Imp. A. Waltener et Cᵉ, Lyon.

RED. :

16

MIRE ISO N° 1
NF Z 43-007
AFNOR
Cedex 7 - 92080 PARIS-LA-DÉFENSE

379.89.70
graphicom

0 1 2 3 4 5 6 7 8 9 10

BIBLIOTHEQUE NATIONALE

CHATEAU

de

SABLE

1993

www.ingramcontent.com/pod-product-compliance
Lightning Source LLC
LaVergne TN
LVHW052022060726
842528LV00002B/604